亞馬遜會議

貝佐斯這樣開會，推動個人與企業高速成長，
打造史上最強電商帝國

日本亞馬遜創始成員
佐藤將之——著
卓惠娟——譯

三民書局

前言

為什麼要學習亞馬遜的會議？

亞馬遜令人匪夷所思的會議規則

會議始於一片靜默

開會資料只有兩種。一頁式簡報或六頁式報告

嚴禁使用PPT簡報，要寫成敘事型文章

出席人數上限——「兩個披薩」餵得飽

你是否聽過以上有關亞馬遜開會的傳聞？

想必有人會覺得和自家公司開會的方式似乎有點不同。

或許也有不少人感到匪夷所思，納悶為什麼亞馬遜要以這種獨特的方式來開會。

事實上，**亞馬遜的開會規則充滿睿智，那是以創辦人傑佛瑞・貝佐斯(Jeff Bezos)為核心的經營陣容，從不斷嘗試錯誤中衍生的**。我認為其中必定有許多能在工作上助你一臂之力的創意或思考方式。

本書將解說亞馬遜會議的祕密及做法，解答你的疑問。

成為全球第一的企業巨擘

亞馬遜(Amazon)和Google、蘋果(Apple)、臉書(Facebook)、網飛(Netflix)等網路新興企業，併稱為GAFA，或FANG，是世界屈指可數的先進企業。

亞馬遜是一九九五年誕生於美國華盛頓州西雅圖的新創企業(startup company)。創業之初，是一間以貝佐斯自家的車庫來代替倉庫的小公司。然而創業至今二十多年，已成長為一家光是在日本就擁有數千名員工，全世界總計雇用數十萬人的企業巨擘。二〇一八年十二月，更迎頭趕上蘋果和微軟(Microsoft)，成為市值全球第一的企業。

我於二〇〇〇年七月，辭去畢業後做了七年的工作，加入當時的亞馬遜，成為創始成員。之後的十五年，擔任過供應鏈管理(Supply Chain Management，SCM)、書籍採購、倉儲管理等職務，並成為統籌管理日本物流中心的總監，直到二〇一六年才離職自行創業。

日本企業的會議多數毫無效率

離開亞馬遜後，我透過企業顧問諮詢或研修課程等活動，介紹我在亞馬遜學到的最佳效率技巧。由於亞馬遜持續改善組織及工作，因此我也時常為企業提供人事制度在內的經營改革建議。

執行這些工作時，免不了要和客戶開會，或出席公司內部會議，這些時候常令我覺得和亞馬遜開會的情況完全不同。說得不客氣一點，就是**毫無效率及生產性可言**。

請試著回想看看，你平時在公司開的會議是什麼情況？

為了決定某件重要議案，把眾多相關人員召集到大會議室。

每個與會人士都拿到一疊厚得似乎永遠看不完的會議資料。除了負責人進行簡報及回答提問之外，其他發言者屈指可數，通常是高層主管。

會議中看似高談闊論，卻沒有達成任何決議，只好延至下次會議討論。耗費冗長的時間，但沒有做出任何決定就走出會議室了。

你不禁內心嘀咕，同樣的情況下個月八成會重演……

相信多數正在閱讀本書的人，都有過類似的經驗。

耗費了龐大的時間及勞力開會，卻未能產生相對成果，**創意提案不夠踴躍，通常遲遲無法形成決議**。實際上，我在參加過的客戶會議中，便曾目睹過不知多少次同樣的景象。

不過，為了客戶的名譽，容我補充一下，這並非特例，而是在多數企業都能目睹到類似情景。只要曾在日本大企業工作過就能明白，多數公司都大同小異。整體而言，和亞馬遜的會議相比，日本企業的會議非常沒效率。

當然，本書並不是因此就把亞馬遜的開會模式照單全收地奉為聖經。說到底，不同的國家、企業、部門，文化及背景自然不同。不論古今中外，都不存在絕對正確的開會方法。

然而，我在亞馬遜工作的十五年期間，透過開會方法用其他企業難以想像的速度推動各項事業及工作，希望你也務必認識亞馬遜模式的會議技巧。我相信應該或多或少可以獲得一些提示，啟發你如何解決煩惱。

會議推動亞馬遜的高速成長

亞馬遜最初是以販賣書籍起家，但現在應該很少有人還認為亞馬遜只是一家書店。它提供各式服務及商品，簡直就是一間網路百貨公司。

電子商務、亞馬遜商城、亞馬遜影音平臺、AWS (Amazon Web Services) 雲端運算服務、Kindle 電子書等，算起來真是難以計數。近年亞馬遜更是不局限於網路商務，開始投資經營實體店面。二〇一五年，實體書店 Amazon Books 一號店在西雅圖近郊開幕。二〇一七年，收購美國頂級超市「全食超市」(Whole Foods Market)。二〇一八年，成立不必經過收銀臺就能購物的無人超市 Amazon Go，也頗受世人注目。

這些發展都獲得極大的成功，對擴大亞馬遜的事業版圖有很大的貢獻。當然，也不是百分之百無往不利。以二〇一四年在美國推出的亞馬遜 Fire Phone 智慧型手機來說，敲鑼打鼓大肆宣傳上市，卻早早退出市場。

我在這裡要強調的是：**亞馬遜是一家不斷開發、同時展開各種事業而快速成長的企業巨擘**。

事業量的增加，代表企畫案數量也會跟著增加。從牽涉多個部門、長期的大型企畫案，到軟體或啟動生產線等短期小型的企畫案，亞馬遜經常進行數量龐大的企畫案。

決定這些企畫案成敗的關鍵，就是會議。

思考新的企畫或創意。

檢討商務計畫。

做出決策。

追蹤執行狀況。

以及其他。

企畫案的成敗和這些會議是否迅速、高度準確地執行有關。**亞馬遜時常處理數量龐大的企畫案，會議也等比例增加，因此亞馬遜經常思考如何讓會議更精益求精並有效執行**。我相信在不斷試錯中所累積的經驗，對於所有為會議感到困擾的商務人士而言，必定能產生啟發。

這就是我希望出版《亞馬遜會議》的另一個理由。

企圖開創新事業。

希望會議中產生的創意或計畫，能確實執行上軌道。

希望上列事項如願順利進行，建構強大的組織。

對於有以上期待的你，本書必定能助上一臂之力。

四種會議及本書結構

亞馬遜會議分為以下四種類型。

請求裁示以達成共識的「**決策會議**」。

思考新策略、服務、商機等的「**創意激發會議**」。

報告及分享所有成員應有資訊的「**訊息傳達會議**」。

追蹤及確認決定事項實施狀況的「**進程管控會議**」。

這些在任何一家公司都是常召開的會議。本書要介紹的是決策會議、創意激發會議和進程管控會議。

至於訊息傳達會議，在亞馬遜則被視作能免則免的會議，所以本書略過不談，我將在序章說明原因。

序章之後分為六章，說明與會議相關的重點。

第一章**「亞馬遜模式　製作報告的規則」**，介紹如何在短時間內做出正確決策的技巧、亞馬遜堅持採用獨特形式報告的原因，以及背後的逆向思維。因為開會的成效，從報告的製作開始。

第二章**「亞馬遜模式　決策會議」**整理出為了精準裁決事項需要的基本會議進行方式及重點。另外，也將介紹讓討論更踴躍的引導訣竅。

第三章「**亞馬遜模式　創意激發會議**」介紹適合用於激發創意的腦力激盪，以及不在辦公室進行的場外會議(off-site meeting)有哪些注意事項。

第四章「**亞馬遜模式　進程管控會議**」則是解說讓企畫案確實執行的關鍵。包括會議中應決定哪些內容，讓PDCA循環式品質管理順利運作，以及加強企畫案結束後檢核的必要性。

第五章「**亞馬遜的領導準則**」則是從亞馬遜倡導的十四條領導準則中，挑選與會議相關的項目加以介紹。

為什麼說明會議的書，卻要介紹亞馬遜的領導理念呢？或許有人認為「我只對亞馬遜的會議感興趣，他們的理念應該與我無關吧？」即使如此，仍請你務必讀一讀第五章。

因為奠定亞馬遜會議的基本思想，就在這個OLP(Our Leadership

Principles）的領導準則中。這些準則定義了亞馬遜人應有的態度，公司內的一切架構都是基於這些準則來設計。

也就是說，正因為**領導準則是亞馬遜人彼此默契的前提，所以亞馬遜會議才能實踐具建設性的討論**。反過來說，若是完全無視這些理念，只模仿表面形式而引用亞馬遜的會議模式，很難想像能夠運作順利。就某個層面來說，這是本書所要闡述的主要重點。

第六章**「讓會議有效率的關鍵」**，是針對會議的次數、出席人員、時間等日本企業常見的課題，思考解決對策。

精益求精的亞馬遜會議

前面說過我不認為亞馬遜會議的做法百分之百正確，其實亞馬遜並沒有正式的會議規則。

亞馬遜是誕生於一九九五年的新創企業，歷經二十多年，成長為全球屈指可數的大企業。在日益茁壯的過程中，員工彼此交流在其他公司的經驗、閱讀的書籍，又或是道聽塗說而來的做法等，用以檢討工作進行方式、公司制度、組織型態，實際嘗試是否可行再做取捨。

比方說，我剛進公司時，和多數公司相同，開會也經常使用PPT來進行簡報。然而，經過五年左右，執行長傑佛瑞．貝佐斯❶卻突然宣布：

「嚴禁PPT！」

當時亞馬遜正值擴展事業版圖，組織規模也隨之擴大的時期。貝佐斯過去能親自面對進行簡報的人，報告中若有不明白之處也能立即提問。

❶編註：二〇二一年七月，貝佐斯卸下執行長一職，由安迪．賈西(Andy Jassy)接手掌舵。

然而，隨著組織人數增加，只寫出要點的條列式PPT，對於沒看過簡報的人來說，無法百分之百理解透徹。既然如此，乾脆使用未經省略，把想法全部說明清楚的「敘事法」(narrative)，也就是改採文章書寫的模式。

另外，隨著技術及工具的演進，工作環境日新月異，開始利用低成本但高品質的視訊會議系統，包含遠距工作在內的工作型態也變得多樣化。現在看來的最佳做法，也必須因應時代重新檢視，探索新的會議型態。

當然，有改變的部分，也有維持不變的部分。比方說，我將在第五章詳細說明的OLP領導準則，是形成亞馬遜根基的核心思想。這些領導準則定義了亞馬遜員工應有的態度，公司的所有架構也是根據這些領導準則而設計的。

再強調一次，亞馬遜會議之所以能實踐具建設性的討論，與「領導準則是彼此默契的前提」這一點息息相關。

公司內部進行變革時，絕對必須把企業文化或價值觀納入考量，再進一步思考自家公司的會議應該改變哪些部分，哪些又絕不能改變，找出適合的模式，因應環境變化讓公司更進步。

若你能從本書得到啟發，提高每天開會的效能，將是我最大的榮幸。

前言

序章

亞馬遜的會議縮減及會議增添

著手改善前的必要思考

第一章

高效率會議始於報告製作

亞馬遜模式　製作報告的規則

第二章

下達最快與最高層級的決策
亞馬遜模式　決策會議

第三章

源源不絕的新創事業及改善提案 亞馬遜模式 創意激發會議

第四章

讓企畫案確實執行
亞馬遜模式 進程管控會議

第六章

會議改革該從何著手？

讓會議有效率的關鍵

序章

著手改善前的必要思考

亞馬遜的會議縮減及會議增添

① 減少訊息傳達會議

與其「改革」，不如「消失」的會議

不滿公司開會方式，希望尋求改變的你，本書將針對你的需求來介紹亞馬遜的開會方式。

但在這之前，我希望你先思考一件事——**這個會真的有必要開嗎？**

我能體會希望讓會議變得更有效率的渴望。然而，若是**把「改革會議」、「進行改善」本身當作目的則很危險**。因為無論如何，目的都應該是讓「企業更有生命力」或「工作更有效率」。如果讓會議消失比改革會議更能實現這個目的，就乾脆讓會議消失。

不介紹訊息傳達會議的原因

就如我在前言中說的，本書只聚焦介紹亞馬遜的決策會議、創意激發會議和進程管控會議。

亞馬遜雖然也開訊息傳達會議，但我並不打算在本書中介紹，以下讓我說明一下原因。

覺得會議生產性很低時，很可能根本原因出在**開了太多無效會議**。而四種會議當中，尤其需要謹慎考慮其必要性的便是訊息傳達會議。

訊息傳達會議的主要目的在於分享組織中發生了什麼事、朝什麼方向邁進，或是公告人事案時，發布誰辭職、人員異動等訊息，屬於公司高層主管的重要任務。

相對地，沒有特別必要發布的資訊，卻每週固定召開部門會議，或只因高層人士召集，主管便找來所有人開會，說一些未必需要傳達的內容。

組織中不計其數的訊息傳達會議，或許一開始確實是為了某個目的而召開，但現在則經常被視作累贅或只是因為習慣而持續的會議。某個人在發言，其他人處於待機狀態，這類會議是導致生產力下降的元凶。

訊息傳達會議沒有召開的必要。先確實判斷所謂的訊息是主管知道即可，還是所有人都要知道，然後一一剔除沒必要的訊息傳達會議吧！

直接告訴相關人員就可以的內容，卻大費周章地聚集不相干的人慎重其事地宣布，除了浪費時間以外，毫無意義。

閱讀本書，思考如何改革自家公司的開會方式之前，更重要的應該是針對訊息傳達會議，思考就本質而言，這個會議有沒有必要。

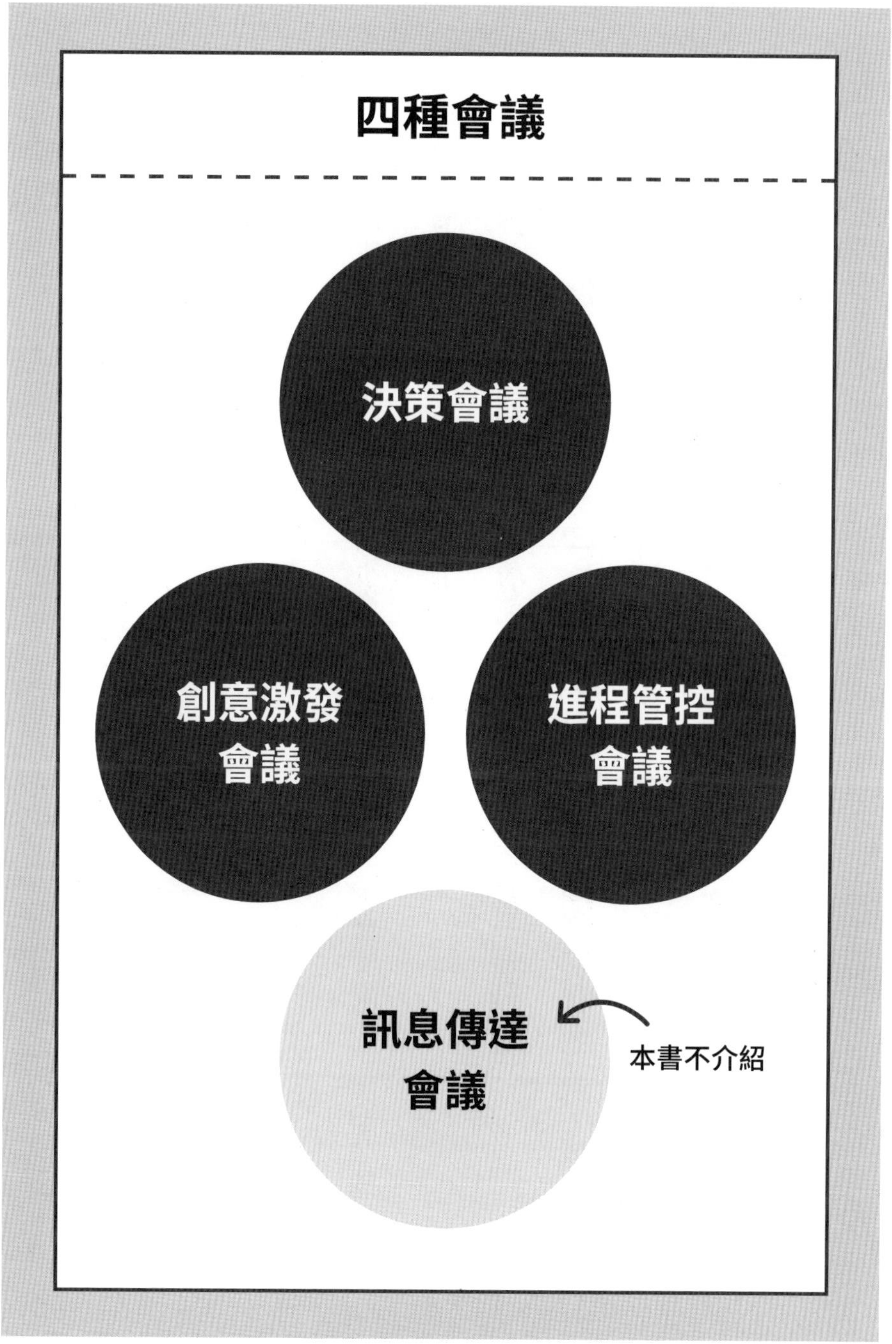
四種會議
決策會議
創意激發會議
進程管控會議
訊息傳達會議
本書不介紹

2 增加一對一面談

增加溝通頻率

可能有人會擔心，要是減少會議，和大家溝通的機會變少了怎麼辦？的確，在組織中溝通次數減少，稱不上一件可喜的事。

因此，不妨縮減訊息傳達會議，增加和部屬的一對一面談。

亞馬遜定期進行稱為「1on1」的一對一面談。通常一星期一次，或至少兩星期一次，基本上是在直屬主管和部屬之間進行。

在確保隱私的環境中，為了追蹤目標的執行進度而面談。不過，不光是工作方面的內容，也包括私生活或想要商量的其他事情。

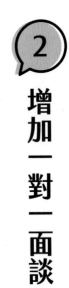

和召集所有人在會議中發言的訊息傳達會議相比，一對一個別談話更能確實引導出必要資訊。面談過後，若判斷應該是所有人要共享的資訊，再和當事人商議「請和其他人分享這個訊息」，就可以達成目的而不必特地開會，這種情況十分常見。

目前所進行的訊息傳達會議，多數都可以透過一對一面談完成任務，或是以其他更密切的溝通來代替。

要是覺得無用的會議太多時，請務必試試看減少訊息傳達會議，增加一對一面談。

一對一面談能為考核制度帶來良好循環

亞馬遜每隔一、兩個星期就會進行一次一對一面談。但在其他日本企

減少訊息傳達會議
增加一對一面談

徒然勞民傷財的「訊息傳達會議」

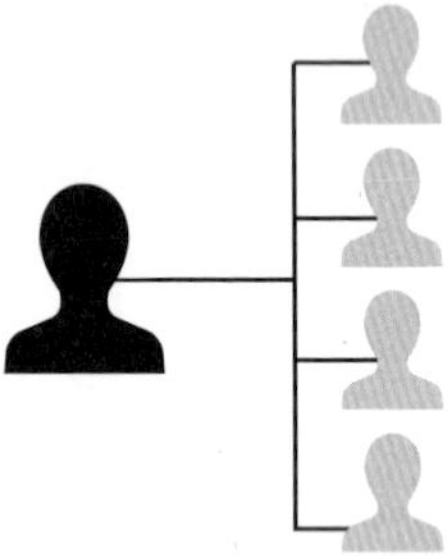

- 同時發郵件給所有成員就可以解決的……
- 形成待機狀態的參加人員
- 基於慣性定期召開會議

►►► **與其思考如何改善**
不如設法消除或減少

好處多多的「一對一面談」

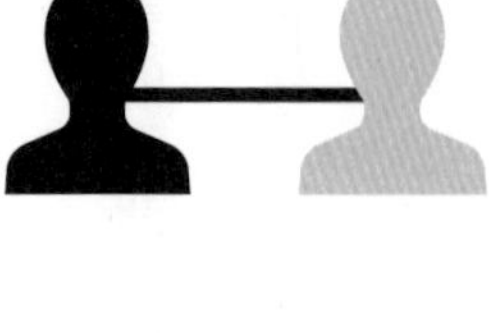

- 有可能進行更高頻率的溝通
- 較少受到時間或場地的制約
- 能夠給部屬適當的評價

►►► **應當增加**

業，主管和部屬一對一的談話機會，似乎沒有頻繁到這個程度。

我想這應該是考核制度不同反映出的現象。比方說，金字塔型的組織結構由下而上是一般員工、主任、課長、部長，對於一般員工的績效評估，或許會參考主任或課長的意見，但不由他們直接考核，而是越級由部長考核，這種情況似乎相當常見。講白了，就是相差好幾個位階，由並不熟悉自己的部長來進行績效評估。

相對地，**亞馬遜則一律由直屬主管為部屬進行考核**。只要一掛上經理頭銜，底下有部屬的那一刻起，就同時負有考核的工作。

為了進行考核，彼此都必須確實設定目標，一一確認是否達成。平時就經常互相討論，有錯立即指正的話，自己也容易了解比較不擅長哪個部分。在考核的討論上被指出這個部分沒有達成，也就能心服口服吧。

但是，平時沒什麼接觸的人，只憑一年一度的面談，就單方面告訴你這就是你的績效考核，部屬可能會產生反彈。尤其是遇到考核成績不佳時，難免不滿「明明只要講一下我就能改善，為什麼這一年來，完全沒有任何提醒及指正」？

當部屬未達預期進度，主管沒有擱置不理，而是伸出援手支持，協助部屬達成目標，這正是主管的任務。主管已經協助，部屬仍無法達成，才是當事人的問題。

考核制度不同時，就難以採取和亞馬遜相同的做法。日本企業或許應該重新檢視一對一面談的重要性。

3 新冠肺炎正是改革會議的絕佳時機

新冠肺炎對會議帶來的影響

從二〇二〇年初，全球發生天翻地覆的變化。新型冠狀病毒這個肉眼看不見的威脅，顛覆了人們的生活樣貌及經濟活動。街頭的人影消失，多數人都因為「STAY HOME」的宣導標語，持續過著不得不安分待在家中的日子。正在閱讀本書的你，想必生活也受到嚴重波及。

因為這樣的災難，人們重新大幅度地檢討開會的形式。都會地區的多數企業推動在家工作，原本聚集在會議室討論的型態，改成利用網路進行會議。然而，即使改變方法或使用工具，會議應有的樣貌，以及會議的意義並未改變。無論是線上或線下會議，許多人針對一個議題同時檢討，做出決策或激發創意的行為，今後仍將持續下去吧。

新冠肺炎結束後也不該讓「不必要的會議」死灰復燃

然而，我可以預言絕對會改變的一點，那就是**無意義的會議將自然淘汰**。在網路上協調大家的時間舉辦會議，無法像在辦公室一樣隨時把人集合起來，自然就不會再召開那些不急、不重要的會議了吧？

但最重要的是，即使漸漸解除主動居家隔離，重回辦公室上班，也不要讓這類會議死灰復燃。因為不開也無所謂的會等於沒必要開的會。

現在正是重新檢視會議的契機。請務必把握機會，尋求會議的效率。

第一章

高效率會議始於報告製作

亞馬遜模式
製作報告的規則

導言

會議的成敗取決於資料製作

很難想像，連一頁參考資料都沒有，只是把人員集合起來討論的會議。或者說，即使進行這樣的會議，應該也難以冀望有什麼效果或生產性。

缺少資料，就無法讓與會人員清楚討論的主題、目的或作為討論基礎的正確數據或各項條件。在這種資訊不全的狀況下進行討論，只不過是把大家聚集在一起聊天而已。

資料是開會不可或缺的，而且理想的會議是從理想的會議資料誕生。

不用我多解釋，理想的會議資料並不是指提供正確內容的資料。

所謂理想的會議資料，必須滿足下列條件。

・會議的主旨、目的要明確。
・花費較少勞力、較短時間閱讀。
・任何人都能隨時正確理解資訊。

為了讓會議以最短的時間，做出最精準的決策，會議使用的資料必須滿足上述條件。而亞馬遜使用的會議資料提供了製作上的提示。

寫法

1 以敘事法撰寫報告

亞馬遜會議禁止製作條列式報告

最常見的會議報告，就是ＰＰＴ簡報裡以條列式註明要點的形式。邊使用投影機放映資料邊進行說明，對於簡報者而言，製作上不會太費力，聽者也能聽取準備好的內容，因此非常多企業及團體採用這個方式。

然而**在亞馬遜則幾乎看不到ＰＰＴ簡報或條列式的會議報告**。這是因為亞馬遜規定會議報告必須以敘事法形式書寫。通常是以Word製作，印好之後在開會時發放。一個走在數位科技前端的企業，竟然多半使用文章形式的報告，或許會令人感到意外。

而且這份報告，通常在開會前或會議時才發放，所以無法要求與會人員事先讀過報告。因為**報告製作的必要條件是「必須寫出當場閱讀就能理解的文章」**。

良好的報告要讓任何人在任何時候都能正確理解

為什麼亞馬遜會禁止以重點條列或PPT簡報當作會議報告呢？原因是一旦以重點條列的方式來寫，**閱讀時容易因人而異，產生不同詮釋**。

另外，發表者也常會穿插說明種種想法及研究，日後要回想完整內容幾乎是不可能任務。我想你應該也很難鉅細靡遺地回想上週開會的內容。

這個缺陷在重點條列的PPT簡報更加明顯。

例如PPT簡報上寫著「提供最佳的顧客體驗」，簡報者當天口頭說明了具體要做什麼來達到這個目標，而所有與會人員也都聽到了，但日後重新檢視這份報告，或是其他沒有與會的人看到這份報告，又會是什麼情況呢？通常會發生「我記得說了這樣的內容吧？」「要表達的應該是這個意思吧？」等任意解釋的情況，難以絲毫不差地接收報告原本的訊息。

這些誤解，即使一開始只是小小的偏差，卻很有可能隨著時間經過而產生極大的差距，最後造成難以修正的巨大偏離，無法達成預定成果。

在小規模的組織中，每天見得到彼此，能夠隨時確認職場的狀況及彼此的想法，應該比較不會發生這樣的問題，但是隨著組織規模變大，彼此的狀況不再那麼顯而易見，無法頻繁地一一確認。

我想亞馬遜在公司規模還小時，應該也不是那麼在意溝通的形式。當時常使用 PPT 製作會議報告，也採用重點條列的方式。然而隨著成長為國際化企業之際，員工大幅增加，組織內部的溝通不再那麼容易，其中的弊病也無法視若無睹。

因此，亞馬遜在二〇〇六年左右開始規定**會議報告禁止使用條列式，必須使用敘事法書寫**。換句話說，就是訂下以文章形式來表現的規則。貝佐斯整個星期要經手的報告想必超過數十件，因此條列式所衍生的問題，他應該比其他人更感到困擾吧？

ＰＰＴ簡報降低開會效率

除了內容會偏離以外，ＰＰＴ簡報的條列式報告還有一個問題。要寫好幾頁的文章，是相當勞心勞力的工作，如果是條列式的ＰＰＴ簡報，比較容易立刻完成。不需要在意頁數，把想到的內容列舉在投影片上，開會當天再一邊播放投影片，一邊加上適度的口頭說明即可。換句話說，有可能是急就章而完成報告。

但是，要好好寫出一篇文章，在閱讀時能夠前後邏輯一貫，避免自相矛盾，必須從一開始就掌握住一致性。因此，必須反覆推敲斟酌，使用正確資訊並重複校對。

擷取精髓內容整理成文章，要重寫數次。想必貝佐斯也是期待這樣仔細檢討推敲的過程，因而制定這個規則。

報告最重要的是內涵，而不是外觀

此外，為了使PPT簡報看起來美觀，很多人會花心思加入動畫效果。就算只是條列文字，也可以藉由逐行出現的動畫，吸引觀看者的興趣。

但原本就很厭惡做白工的貝佐斯，或許覺得加這些動畫只是浪費心力。

禁止使用ＰＰＴ製作會議報告的規則，可能也是基於貝佐斯認為「不需要華而不實的報告」的想法吧。

為什麼亞馬遜
使用敘事法來寫報告？

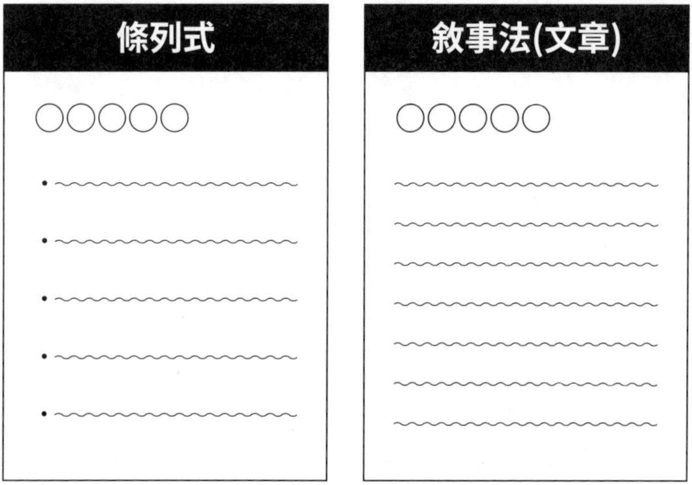

條列式

- 列出關鍵字，事後再口頭說明，因此報告的精確度較為粗略。
- 事後重看，有時會無法了解字裡行間的意義，無法正確理解。

敘事法(文章)

- 為了寫出正確文章，必須斟酌一致性，報告精確度較高。
- 任何時候都可以提供任何人相同的正確資訊。

COLUMN

沒有寫文章的能力就進不了亞馬遜

因為亞馬遜要求必須以文章的形式寫會議報告，所以理所當然亞馬遜人需要具備寫作能力。但是，亞馬遜並未特地實施商業文書寫作研修等訓練，因為在錄用前就已經先篩選了。

剛開始禁止條列式報告時，多數員工原本就不太擅長寫文章，據說連貝佐斯也常抱頭苦思。因此，後來在錄用新進員工時，文章寫作能力就成了篩選的條件之一。應徵者必須寫文章，若是寫作能力太差就會被淘汰。

被錄用的人，從日常的實際工作中，參考其他人寫的文章，透過重複書寫練習，來熟練身為亞馬遜人必要的文章寫作能力。

寫法 2

會議報告統一成兩種形式

報告上限是一頁或六頁

看到這裡，可能有人會認為，PPT簡報的重點條列更能簡潔地傳達訊息，寫成文章形式豈不是寫了多餘的內容嗎？

膨鬆的蛋糕就算外觀賞心悅目，吃起來卻難有飽足感。不用說，亞馬遜追求的是內容扎實的蛋糕。

因此，亞馬遜要求會議報告使用敘事法書寫的同時，為了讓文章內容扎實、不會有多餘的修飾表現，另外制定了一條規則，那就是頁數限制。

具體來說，會議報告統一成兩種形式，不是一頁，就是六頁。名稱是

一頁式簡報、**六頁式報告**。詳細的說明之後再補充，基本上亞馬遜的公司內部報告，就只有這兩種。

補充資料另外附上

報告只分兩種，而且張數最多只限六張。聽到這個規定，想必有人會覺得「大型企畫案的說明，六張根本不夠吧？」這一點請放心。

報告的補充說明等詳細的圖表、相關資料等，都列在**補充資料**。也就是說，六頁式報告只寫出想明確傳達的資訊，在會議上若是有人提出想知道更詳細的資訊，就引導他去參考補充資料即可。

補充資料不列入六頁報告，也沒有張數限制。

接下來，我就介紹一頁式簡報和六頁式報告的具體內容吧！

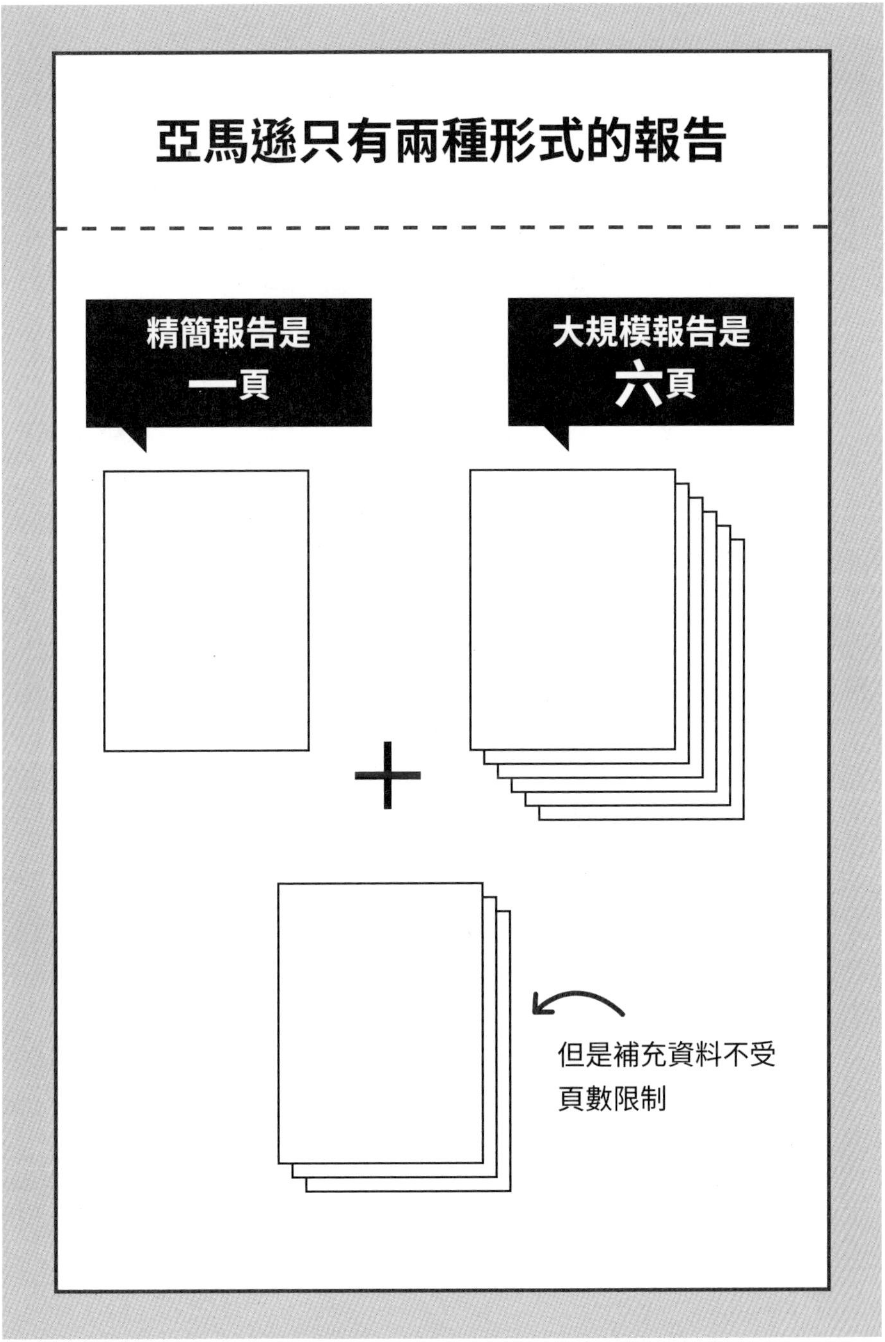
亞馬遜只有兩種形式的報告
精簡報告是
一頁
大規模報告是
六頁
＋
但是補充資料不受
頁數限制

寫法 3

一頁式簡報

歸納成一頁的亞馬遜基本報告

亞馬遜把簡單的會議報告稱為**一頁式簡報**，名副其實就是把重點整理成一頁。不使用背面，只使用正面。順帶說明，在日本分公司指的是A4紙一張，在美國則是指信紙大小的一張紙。

比方說，當你想進行某個企畫案，欲說明某個點子或某月想實施特賣或促銷活動等企畫的概要時，使用一頁式簡報。

第五十六頁我會舉例說明「一頁式簡報」，這是一份情人節促銷企畫案的報告，概要的內容包括明確的背景和課題，並描述基於這樣的背景與課題必須採取什麼行動，以及根據這些行動，最終將達成什麼目的。

日常報告也歸納成一頁

一頁式簡報除了使用於會議中的簡單提案，也運用在平時的各種業務場合。

比方說，當發生某個問題，試圖透過**指標**(metric)❷來標示異常數值的情況，這時若遇到光以口頭說明理由不夠充分，需要進一步調查及分析時，就會要求下星期之前寫出一頁式簡報。

報告上要描述發生什麼樣的問題等具體內容、查明的原因、實際採取的對策及結果等。

❷原註：以亞馬遜的情況來說是指KPI（關鍵績效指標），請參考第一百六十九頁。

一頁式簡報的例子

有關情人節促銷企畫案

營業企畫部 ＸＸＸ
二〇二〇年一月二十八日

背景

每年都依慣例企畫情人節促銷活動，但近年來顧客需求多樣化，女性饋贈男性禮物的習慣也逐漸減少，營業額和前一年度相比依然呈現停滯狀態。本年度希望有別於往年，進行大幅的概念改革，採取顧客導向的促銷活動。

課題

近年女性送給男性的「人情巧克力」大幅減少，而送巧克力給自己當禮物的需求增加，導致過去推出的商品陣容無法達成營業目標。另外，考量健康因素，人們漸漸遠離甜食，尤其是年輕人有減少食用巧克力的傾向，連原本主要需求階層的營業額也難以達成。現在社會資訊交流發達，人們認識了歐美的情人節模式，女性送給男性禮物的習慣瓦解，轉變為男性也送給女性，或是朋友之間、其他人際關係中互相餽贈「友誼巧克力」，導致平均單價降低（二〇一七年度：1,970日元→二〇一八年度：1,850日元）。

對策

面對二〇二〇年的情人節商品競爭，規畫採取以下的企畫方案。

1. 推動高單價商品：為了挖掘自我犒賞的巧克力需求，充實高級進口巧克力的商品內容，預計平均每人的購買金額會增加。

目標：平均單價+60日元

2. 推動健康取向的商品：傾向選購更高可可含量巧克力的健康取向型顧客，針對他們強力促銷。製作「爸爸要永遠保持健康喔！」禮盒，挖掘中高齡男性的送禮需求。

目標：禮盒銷售目標 1,000 組（禮盒單價 2,000 日元）

3. 推動巧克力以外的商品：國外男性送給女性花束的習慣漸開，推出鮮花促銷活動。以二十到四十歲的男性為主進行促銷。

目標：鮮花營業額 +100%

整體目標

情人節相關商品營業額 +8%

寫法 4

六頁式報告

大規模報告統整成六頁

亞馬遜使用的另一種會議報告是六頁式報告。遇到**年度預算或大型企畫案**時，一頁的篇幅畢竟難以充分說明，但亞馬遜的風格無法放任張數無所節制。扣除補充資料，規定必須整理成六頁。

比方說，假設現在要成立一個新的企畫案。說明企畫概要時，使用一頁式簡報就可以了。但是當企畫案被核准，要開始具體擬定執行計畫時，一頁式簡報可能不夠充分，必須明確寫出企畫案概要、包含ＰＬ（收支計畫）在內的財務資訊、績效評量指標等，因此要用六頁式報告。

六頁式報告的寫法

以我來說，我會先決定方案主軸，然後寫下標題並草擬內容，再逐漸擴充成六頁式報告。

報告初稿常有太少張或太多張的狀況，必須重複增添或刪除，然後反覆看過，確認方案的說明是否明白易懂，敘述是否有天馬行空的部分或邏輯舖陳不足的地方等等。

六頁式報告的整理作業，不論是以日文或英文書寫都很花時間，通常要至少兩天，花一星期以上反覆推敲的情況也不少見。像這樣經過無數次反覆看過，重要的是確認自己的想法及用意是否確實傳達給閱讀者。

六頁式報告的內容範例

- 服務的定義及概要
- 預算估計
- 時程表（到盈餘產生為止的時間預估等）
- 銷售價格
- 預估顧客人數
- 團隊成員
- 推動不順利時的輔助方案
- 財務資訊
- ROI（Return on Investment，投資報酬率）
- 其他

※ 以上項目不限於亞馬遜使用。任何公司在開展新服務或新業務時，都應該把這些項目納入考量。

寫法

5

兩項讓文章容易閱讀的撰寫鐵則

為什麼日本人不擅長製作報告

亞馬遜並沒有特別解說一頁式簡報或六頁式報告的寫法，而是大家有樣學樣地模仿其他人，各自學習書寫方式。

我一開始也寫得很差。尤其是以英文來製作報告時，簡直是艱苦的奮鬥。因此我花了一年左右的時間，每星期一次邊和英國老師進行各種討論，邊接受書寫訓練。

我因而了解，我之所以寫不好報告的文章，**問題不光是因為英語能力不佳**。比方說，應該很多人有過這樣的經驗——以日文寫成的文章使用

Google翻譯，讓母語人士看了之後，對方說看不懂你想表達什麼。同樣的道理，原本就差勁的文章即使透過翻譯，還是一樣拙劣。

據說，最近日本也有些企業開始把英文當作公司內部的共通語言。但我認為，即使把平時以日文寫成的文章改用英文書寫，也無法脫胎換骨製作出好的報告。

這不僅是當事人文章能力的問題，也有一部分問題出在日本教育。在美國，大學等教育機構會教授學術論文、商業文書的寫法。然而，在日本，應該有很多人連商業文書的寫法都一無所知，便進入就業市場吧。

無論一頁式簡報或六頁式報告是用日文或英文下筆，**只要是商業文件，就必須遵循這類文章的寫作原則來寫**。不明白這一點，就算花了時間反覆推敲，一旦主管覺得不知所云、太過冗長而感到嫌惡，或對你說「看你的報告很麻煩，還是口頭說明好了！」這樣就失敗了。

本書雖然不打算一一介紹商業文書的寫法，但我想介紹在亞馬遜製作報告時，經常被提醒的基礎事項。

①開頭先寫出結論

書寫商業文書時，日本和歐美最大的差異是書寫順序。

美國人**徹底落實先講結論，再加以說明的書寫方式**。相對地，日語文章則傾向一開始先描述背景或說明過程，再引導出結論。另外，我個人也有同樣的毛病，就是說明時，往往不是以事實為重，而容易流於不厭其煩地抒發情感。因此時常會被批評「雖然寫了長篇大論，卻不明白最後的結論」。

一開始先寫出結論，接著在後面的敘述**基於事實加以說明**。只要能掌握這個關鍵，就能讓報告性質的文章改頭換面接近易讀的文章。

②不要害怕使用句點

此外，日本人所寫的文章，傾向大量使用逗號寫出冗長的句子。這是因為日文的書寫習慣，常令人錯覺能寫出長句，就是好的文章。我以前也曾認為通篇都是短句的文章，可能是作者的腦袋不夠靈光。不過，前面提到的英文老師則數次提醒我：用簡單的話講事情，以及不要害怕使用句點。

文章必須簡潔扼要。請務必記住這個要領。

倘若你立即要求員工「明天開始，我們會議的報告，也一律統一為一頁式簡報及六頁式報告！」「以敘事法來寫報告吧！」但光是這樣，可能導致難懂的資料氾濫成災，然後心想「果然還是無法順利」而立刻故態復萌。

若希望亞馬遜模式的報告製作文化扎根，就必須全公司上下一起學習先寫結論、句子寫得簡短等寫法。

思考6

提案型報告必須逆向思考

亞馬遜要求的思考原則

會議中常有提議某個方案的狀況，例如新商品或新服務的提案、業務改善對策、人員錄用等。在製作這些提案型會議中的報告時，亞馬遜人徹底落實的一種思考方式，就是**逆向思維**（Thinking Backwards），也稱作**逆向工作法**（Working Backwards）。由於這是製作提案型報告不能不了解的思考方式，所以先在此介紹。

一般而言，當計畫某件事的時候，都是站在現在的位置，緊盯未來以擬訂計畫。也就是一種堆疊性的思考方式——評估當前的實力、現在的市場環境等條件，再推演出能做什麼。

亞馬遜的逆向思維，則採取相反的運作方式。**一開始就先決定終點目標，再逆推思考為了達到終點目標該怎麼做**。

「堆疊思考」的局限

先設定目標，再逆推為了達成目標必須做什麼。這樣的逆向思維，不僅用於製作報告，也運用在編列預算、提出新企畫案等形形色色的場合。

這一方面也是因為，像亞馬遜這樣一再地革新，持續快速成長的巨大企業，很難採用先評估目前現況再逐一推算堆疊起來的做法。

比如編列預算時，即使先列舉自己的資源，思考實行A、B和C，以增加百分之十營業額為目標，這樣只能描繪出大餅的輪廓。

亞馬遜則採取不同做法。不是在既有的資源基礎上堆砌、建立計畫，而是先訂立增加百分之十營業額的目標（終點），再思考達成目標的過程中會發生什麼阻礙，接著思考解決方案，這樣更能激發出突破性創意。

亞馬遜人思考某個問題或提案時，總是自然而然地採取逆向思維。製作提案時的報告，也是依循這個思考原則。

接下來，我們以具體實例說明什麼是逆向思維，以及運用逆向思維整理出的提案型會議報告——新聞稿。

逆向思維與堆疊思考

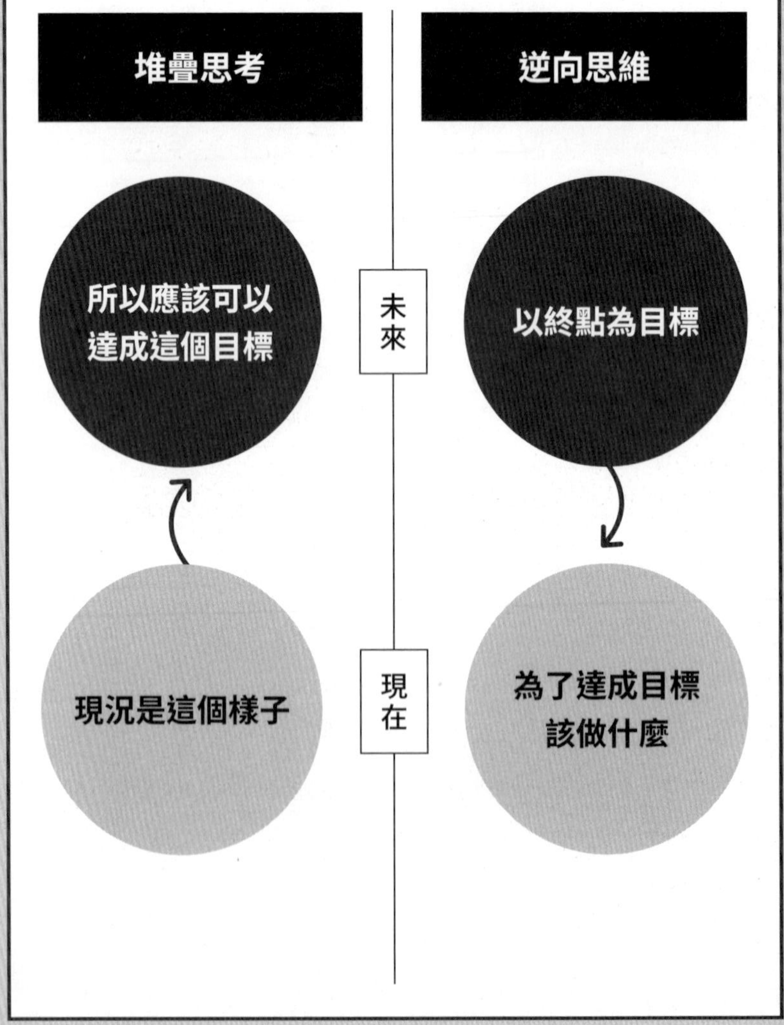
堆疊思考
逆向思維
所以應該可以
達成這個目標
未來
以終點為目標
現況是這個樣子
現在
為了達成目標
該做什麼

COLUMN

每個企畫都有自己的信條（tenets）

在亞馬遜，要成立一個企畫案時，除了寫新聞稿，也常同時製作「信條」。有別於公司整體的領導準則（本書後面會提及），這個信條是由每個部門、每個企畫案獨立決定。

比方說，假設在一個新配送方法的企畫案中，信條是「我們要提供一個顧客認為最方便的服務」。之後便依循這個信條，以逆向思維來思考——該如何配送，才能滿足顧客在期望的時間，收到想要的商品。

此外，這個信條也能在建立共同目標時發揮作用，成為做判斷時的選擇標準。相關人員能夠建立共識，符合信條就是正確答案；不符信條則否。只要每個部門、企畫案都能建立信條，自然可以提升會議的產能。

寫法 7

新服務的說明報告以新聞稿書寫

容易讓顧客接受提案的神奇格式

亞馬遜經常草擬許多企畫，然後透過會議提案。在草擬新企畫案時，有個必定會用的報告格式——**新聞稿**（範例請參考第七十七頁）

新聞稿就如大家所熟知的，是企業透過媒體發布消息時使用的格式。

新聞稿開始在亞馬遜會議中使用，距今已是十幾年前的事。一開始是銷售人員用來說明新的促銷方案或服務，由於大受好評，後來便延伸到其他部門，成為廣泛使用的格式。

對於閱讀者來說，採用新聞稿格式的優點是**「明白易懂」**。

假設你在會議上，針對公司改革提出某個方案。所謂改革，也就是採取新的做法，意謂著要改變維持至今的某個狀態。

然而，有時候公司多數人或許並不樂見這樣的改變。對於他們而言，改革令他們不安或恐懼，因而抗拒提案。

要如何排除這樣的抗拒呢？

利害關係人究竟對於提案的利益理解到什麼程度，攸關提案能否在會議中通過。

而亞馬遜的新聞稿格式，是一項說服利害關係人的極有效工具。

以下就開始說明新聞稿格式的報告如何製作。

以逆向思維來籌畫提案內容

首先，使用前面介紹的逆向思維，針對提案內容（新商品、新服務、新做法）來整理自己的想法。

先思考執行提案的最終目的。提供這樣的服務，是否能取悅顧客？顧客的生活將因而產生什麼變化？

接著要確認提供該服務的必要條件。只要能以這個方式來思考，除了能有利於實現企畫，還能引導我們取得目前並未具備的知識、能力、技巧。

下一頁是我經常使用的逆向思維表。以逆向思維來草擬提案時請參考。

逆向思維表

問題 想解決的問題是什麼？

問題 顧客（公司外部、內部或交易對象等）會感到什麼樣的痛苦？

問題 為了解決這個痛苦，目前的商品或流程足夠嗎？為什麼？

問題 如果並不足夠？應該如何解決？

問題 以公司本身的技術能力或組織能力有辦法解決嗎？是否可能商品化？

問題 如果無法解決，市場上存在能提供解決方案的供應商嗎？

問題 新商品的詳情及利益？

問題 使用這個新商品能怎麼解決問題？

問題 能夠多輕易解決問題？

問題 若是使用新商品，能取悅顧客嗎？

新聞稿內容的結構

想法統整後，接著整理成具體的新聞稿格式。新聞稿格式的報告，包含下頁內容，另請一併參考基於這些報告所製成的案例（第七十八頁）。

看過之後應當就能明白，撰寫新聞稿時，是站在外部觀點（顧客觀點）。內容呈現的關鍵不在於我們想怎麼做，而在於顧客從內容產生的感受、從提案中接收到的訊息，務必竭盡可能排除內部觀點。

最後通常也會附上常見問題（FAQ）和使用者指南等補充資料。

常見問題是事先揣測顧客可能提出的問題，預先準備好答案。為了製作常見問題，就必須思考提供某個商品或某項服務時，顧客將處於什麼狀況的細節，可說正是逆向思維的實踐。

新聞稿的內容

主標：標題

扼要說明商品的短文。

副標：市場

寫出從這個商品或服務中獲益的對象。

第一段：商品概要、優點

簡潔地統整商品或服務的概要(summary)及其優點。第一段必須讓沒有閱讀全篇新聞稿的人也能理解，因此非常重要。

第二段：要解決的問題

清楚地陳述打算解決的問題。

第三段：解決方法

清楚地寫出以什麼方式來解決問題。呈現解決方法有多出色。

第四段：負責人的意見

陳述負責該企畫者的意見。寫出能夠提供給顧客的價值。

第五段：有多簡便

寫出能多輕易地開始這個商品或服務。

第六段：顧客的迴響

就顧客角度，寫出「有哪些優點」、「有多輕易能立即使用」等迴響。

第七段：統整、補充

附上網址，連到詳細的商品解說和補充資料。

新聞稿撰寫案例

主標

開始在辦公室享受咖啡服務

副標

EGP開發在辦公室也能享用美味現煮咖啡的服務

第一段

二〇二一年四月一日，EGP公司（神奈川縣橫濱市）開始針對辦公室提供咖啡宅配服務——「在公司享用美味現煮咖啡」。超商和速食店提供的低價咖啡需求不斷增長，而這項新服務不必在辦公室設置咖啡機，就能提供現磨現煮咖啡。其優勢在於，附近超商較少的辦公區，或是舉辦人數眾多的會議時，不僅享用美味咖啡更方便，也擺脫了定期維護辦公室咖啡機的問題。

第二段

通常在辦公室享用現煮咖啡，由於會衍生咖啡機定期維護等額外工作，容易令人望而卻步。此外，因為附近缺乏超商等可以提供低價咖啡的店舖，又或是每次使用紙杯會產生罪惡感等因素，一般來說在辦公室享用香醇美味咖啡的機會較少。

第三段

這項服務的特色是，上班族不僅可以在辦公室飲用香醇咖啡，又可以避免機器維護的麻煩，讓任何人在任何時候都可以享受香醇咖啡。此外，還可以使用個人隨身瓶或隨身杯這一點，也充分顧慮到近年來的環保問題。

第四段

主導本次企畫的負責人佐藤表示：「這項服務讓任何人可以隨時隨地以低價享用現磨現煮咖啡，得到了顧客的好評。而本企畫開發的攜帶型咖啡機，在設計上也盡可能消除銷售人員的工作負擔。改善從業人員的工作環境，是今後各家公司極為重要的課題。相信今後在辦公室享有其他各式服務的需求，也會日漸增加。本企畫將以咖啡宅配服務為基石，延伸到其他不同的服務。」他的說明讓人對今後的發展，更加滿懷期待。

第五段

開通這項服務只需在專用網站上註冊帳號即可。如果是已開通的區域，當天便可享受服務。結帳原本是件麻煩事，但這項服務提供了現金、信用卡、電子支付等多種方式。

第六段

使用過此服務的○○顧客欣喜地表示：「過去我都在超商買咖啡，因為上班途中沒有超商，所以只能特地繞路去買。使用這項服務後，在辦公室也能喝到美味的咖啡，幫了我一個大忙。而且咖啡豆有五種可以選，這讓喜愛咖啡的我十分開心。」

第七段

「在辦公室享用現煮咖啡」服務詳情，請參考：
www.EGP.com/Office-de-coffee/
或洽詢 info@EGP.com

FAQ範例

Q 一杯咖啡多少錢？

A 預計普通杯120日元；大杯150日元；特製200日元。

Q 有多少種咖啡？

A 常態性提供五種咖啡及兩種紅茶。包含拿鐵及卡布奇諾。另外預計供應二到三種季節限定風味咖啡。

Q 哪些地區會先提供此服務？

A 預計有現在試營運中的橫濱市，加上川崎市、市田谷區、目黑區、大田區等。

Q 水要如何供應？

A 一開始先預備十公升左右的水，同時預備五公升補給用水，一次補給約可提供一百杯。

Q 攜帶型咖啡機是什麼？

A 銷售人員的後揹式機器。機動性高，揹著它在狹窄的辦公室也能不佔空間地供應咖啡。基於人體工學理論，採取減輕銷售人員負擔的設計。另外，煮完咖啡剩下的咖啡渣，在機器中可作為燃料用來煮水，也是重視環保的一項設計。

Q 結帳方法？

A 現金、信用卡、各種金融卡、電子支付（PayPay、LINE Pay、MerPay❸等十種交易平臺）、Apple Pay、交通相關的ＩＣ卡（Suica、PASMO、ICOCA等十一種）。

Q 是否提供重度使用者特惠方案？

A 二〇二一年底為止，手機下載ＡＰＰ登錄會員的顧客，享有買五送一的特惠。

Q 預計何時會有盈餘？

A 以二〇二二年初為目標。詳情請至官網的Financials查詢。

---

❸譯註：日本二手交易平臺Mercari提供的行動支付服務。

使用者指南中，記載了顧客使用該商品或服務時所有必要的資訊。

像這樣透過製作新聞稿、FAQ、使用者指南，便能清楚了解提案商品或服務是什麼樣的內容，這樣的報告也比較容易向其他部門或利害關係人說明，也更容易說服他們。

亞馬遜雖然沒有進行商業文書的研修，但新聞稿寫作有包含在主管研修的內容當中，由此可見其重要性。

亞馬遜原本就沒有堅持「這是完美的格式，請照著做」，而是作為向別人介紹各式各樣創意的一種有效手段。

本書介紹的寫法，也請當作其中的一個例子來參考。

原則 8

與時俱進的亞馬遜報告

不規範固定格式

前面介紹的新聞稿格式的報告，雖然在亞馬遜非常受到重視，但公司並未指示必須依照這個格式書寫。我雖然介紹了自己使用的格式，但亞馬遜並不存在規格化的固定格式。

亞馬遜雖然制定了一頁式簡報及六頁式報告的張數限制，但並沒有嚴格規定具體的書寫方式。也就是說，完全不存在「這個欄位寫目標、這個欄位寫財務資料」這類填空的固定表格。

若是一頁式簡報，通常會寫出實際上發生的問題，問題發生的原因、針對這些問題採取的對策，以及最後的結論等。這單純是為了讓閱讀者容易理解，並非硬性規定。

亞馬遜雖然指定字體或外觀的尺寸，但這純粹只是因為送交主管審閱時，文件大小若不一致會很難整理，所以才規定統一尺寸。

就這個角度重新檢視，可以得知**亞馬遜基本上是一家不想製作固定表格的公司**。這是為什麼呢？

避免僵化

隨著商業環境日新月異，工作方法也必須與時俱進。亞馬遜憂心的是過度僵化的格式束縛，會難以因應環境的變化。

為了避免產生這樣的狀況，所以只確立領導準則等價值觀和目標，達成方法則任由個人自由發揮。

舉例來說，就像登山時告訴隊員：「不論從南側或北側的路線上山都行，但是登山人數最多六人（六頁式報告的情況），不能使用超出六人以上的資源，支援部隊（補充資料）則不限人數，總之目標是登上山頂。」

只要能建立共同價值觀，就不會發生偏離正軌的行為。在這樣的原則下，讓個人得以**打破既定觀念，自由自在地發揮創意去達成目標（終點）**。

COLUMN

貝佐斯讀一次就批准的傳說報告

以下介紹在領導人研修時，提到新聞稿的報告製作，必定會登場的一篇「傳說中的新聞稿」。

亞馬遜原本都是針對整箱購買，或一次大量購買某個商品的顧客，提供優惠的價格。例如可樂、啤酒等飲料，通常購買數量是一打、兩打，很難只買一瓶。但就消費者的角度而言，未必一次想要買到兩打，倘若家裡空間不大，一次大量到貨可能相當困擾。

「傳說中的新聞稿」寫作者，發現顧客有這個難題（煩惱的根源），想到一個點子——何不讓亞馬遜取代家庭食品儲藏室。美國家庭通常會在廚房一旁設置食品儲藏室，存放罐頭等食品，必要時就能立刻取出使用。

因此，若能讓亞馬遜成為消費者的食品儲藏室，那就「不需大量購買特定商品，只需購買所要的量即可」，「但是，只買一罐飲料就配送太沒效率，因此只要顧客連同其他所需商品一起購買，達到規定大小的箱子就配送」。

這篇新聞稿的寫作者，為了能有效博得貝佐斯等高層主管的青睞，在報告開頭先描述顧客平時的生活狀況，自然而然地呈現出一個有小孩的職業婦女，在日常生活中及購物時所遭遇到的事情（難題）。

「某一天，生活突然大為轉變。那是因為我開始使用亞馬遜的食品儲藏室服務」，新聞稿以引人注目的故事作為開場白。

只要讀了這一段故事，就能明白過去的銷售方式為顧客帶來什麼樣的辛苦與麻煩，不在亞馬遜大量購物的原因就能一目瞭然。同時，能夠輕而易舉地讓所有與會成員理解，提供了嶄新的服務，能為顧客的生活帶來多大的改變？能產生多大的效果？

據說貝佐斯看完這個提案後，當場批准。之後這篇新聞稿也成為一個讓人津津樂道的傳說。

第二章

下達最快與最高層級的決策

亞馬遜模式決策會議

導言

有效、不犯錯地做決定

決策會議就是由有權定奪的人確認議案後，給予同意或要求再提案的會議。說得更直白一點，就是為了決定某些事項的場合。

・決定企畫案的開始（結束）。
・決定雇用等人事案。
・決定設備投資等投資案。

以及其他。

提出這些議案的人，必須蒐集完整合適的資訊，做好說明的準備，在時間限制內讓決策者做出正確的判斷。

決策會議中最應該避免的是「議而不決」。在沒有做出任何決定的情況下結束會議，會議的成果等於零。這不僅有礙事業推動的速度，也會增加與會者的挫折感。

當然，也有可能當場無法做出結論，但這應當屬於特例。多數議而不決的情況之所以發生，問題在於會議的做法。另外，也需要極力避免，已做出決策，卻弄錯決策的狀況。

本章要解說開會不再徒勞並能有效率做出高品質決策的決策會議關鍵。

原則 1

企畫案負責人就是會議召集人

為什麼由企畫案負責人來主導會議

會議的主辦人稱為該會議的**「會議召集人」**（owner）。首先我們必須牢記：決策會議的成敗，可說完全取決於會議召集人。

在日本，主辦會議的人（會議召集人）和主席分別由不同人負責的情況相當普遍。因此常可見到主席徵詢會議召集人意見的景象，例如「部長，差不多可以了嗎？」

但是，亞馬遜的會議基本上則是**由企畫案負責人或掌握企畫案進度的**

人，擔任會議召集人兼主導者（facilitator）。若希望有效率地產生高品質的決策，這是絕對必要的條件。

這是因為，一旦由不同人擔任會議召集人和主席，而主席必須請示會議召集人，又要顧慮其他人的意見，很容易因此岔題，或是受到某個掌握話語權的人影響。決策會議能否順利進行當然重要，但成敗的關鍵還是在於會議結果。這個部分搞砸了，會議當然會失敗。

就這層意義來說，**對會議成果負有責任的人，也就是企畫案負責人，由他來指出「想這麼做」的方向**，這麼做更能決定會議的走向，讓與會者熱烈參與會議。

會議召集人的任務

「會議召集人」具有會議主人的重要身分。除了必須召開、主持會議，還須具備製作及發放會議記錄的能力（有時製作會交由其他人負責）。

會議召集人的另一個重要任務，就是必須確立會議中的決定並貫徹執行。避免紙上談兵，適度追蹤而達到成果，也是會議召集人的重要任務。有關這一點，將在第四章「亞馬遜模式　進程管控會議」中介紹。

接下來，我要介紹依循會議流程召開決策會議時，會議召集人應注意的事項。

會議召集人的任務

- 會議進行
- 會議引導

- 會議召集
- 選派與會者

會議召集人
‖
企畫案負責人

- 會議記錄製作
（可以委派其他人）

- 確認決議事項的進度
（追蹤管控）

事前準備 2

以3W作為會議的共同目標

走出會議室後必須有所轉變

會議結束後，如果與會者擁有的資訊，和進入會議室前毫無兩樣，會議成果可以說等於零。召開會議必須要產生某種變化，否則毫無意義。

決策會議的理想情況是，依循明確目的充分討論，產生所需的成果，確定接下來該如何進行，並一致同意就這麼辦才走出會議室。

就算結論和自己預期的不同，但只要能達成共識，就是有效的成果。

會議原本就會耗費時間、勞力等大量資源。既然要開會，就有必要在時間內產生相對的成果。

建立共同目標

為了在會議時間內制定恰當的決策，會議召集人一開始有件事要做——在召集出席者前，先讓他們確實了解會議目的（比如「想達成有關○○的決議」、「因為發生這樣的問題，想對此進行討論」），以及開會成果的想像。

說得更白話一點，就是先定義好**開會三十分鐘或一個小時後，走出會議室時，與會者將要做什麼**。

有效的做法是先決定3W的目標。

What（做什麼）、Who（由誰去做）、When（何時做）

會議一開始就先讓所有成員知道本次會議的目的，是在時間內決定這三個項目，這就是避免開會議而不決的第一步。

正式開會

3 會議始於一片「靜默」

十五分鐘的默讀

決策會議中，先由引導人（會議召集人）明示開會主旨，並讓所有與會者了解，希望在走出會議室之前，達到哪些目的，以及將用什麼樣的順序進行檢討，並確認與會者手上是否都有拿到會議報告。

前述流程中的最後一項工作，是亞馬遜的獨特作風。

如果是一般公司，應該都會要求製作會議報告的人，必須先向其他出席成員說明議案的概要。

但亞馬遜不採取這個做法，而是**各自默讀眼前預先準備好的會議報告**。

即使開會前已寄出報告，依然會保留一頁式簡報五分鐘、六頁式報告十五鐘的閱讀時間。

這段時間重要的是**保持沉默**。在大家各自閱讀時，完全不接受提問。

良好的報告與靜默，排除無效率的提問

亞馬遜在決策會議中採取這樣的做法，當然有它的用意。

假設由製作報告的人在會議一開始口頭說明概要，正在說明第二頁時，某個與會者因為在意某個說明而插嘴：「請問一下！」很容易發生這種中途被打斷的狀況。但實際上或許第四頁的內容就能澄清他的疑問。提問人由於還沒掌握住整份報告的內容，因此會產生疑問。在進行簡報時，常會發生中途有人發問，簡報者表示「這部分後面會說明」的狀況，就是同樣的情形。

為什麼亞馬遜的會議選擇一開始各自默讀？

【常見的會議】

提問比較快，所以直接發問
〇〇寫在哪裡呢？
寫在〇〇
邊用口頭說明來補充吧！

- **沒讀完就問報告中已說明的內容，白白浪費時間。**
- **因為打算口頭補充說明，所以報告製作可能會有疏漏。**

►►►會議變得冗長

【亞馬遜會議】

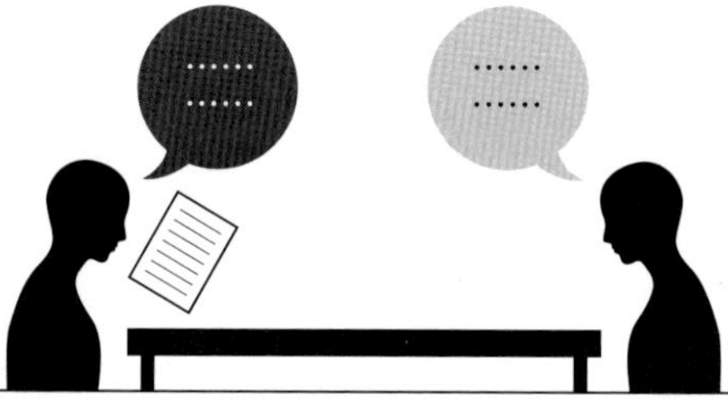
……
……
……
……

- **先讀完報告才開始討論，因此必須專注閱讀報告。**
- **必須透過閱讀就能理解報告內容，所以報告內容不容易有疏漏。**

►►► 消弭會議不必要的提問

貝佐斯非常討厭這種情況。**詢問已經寫出或預定說明的內容，就是浪費時間**。閱讀時遇到不明白的部分先打問號，若之後某一頁說明了，就把問號畫掉，只需提問最後仍留下的問號，這樣可以節省更多時間、效率更高。基於這個想法，所以把開會一開始保持沉默各自閱讀制訂為規範。

一句話都不必說才是最完美的會議

對於決策會議，貝佐斯徹底要求必須先安靜閱讀報告。閱讀完畢後，主持人會詢問：「有沒有問題？」然後再進入討論。

有些主持人會在討論前先簡述報告摘要，但這並非絕對必要。**經過十五分鐘，所有與會者都看過一遍報告了，就可以立刻開始討論。**

另外，亞馬遜認為最理想的會議是讀完報告後，不需任何提問就安靜結束的會議。如果是一頁式簡報，讀完後主持人詢問：「有沒有問題？」若沒人提問就代表通過。即使是六頁式報告，也是逐頁詢問有沒有問題，六頁都沒有疑問或擔憂的話，就會直接宣布「依照內容進行！」結束會議。

第三章要介紹的創意激發會議則另當別論。以決策為目的的會議，只要沒有人提出質疑，就不必再討論，只需同意內容就能結束會議，這在亞馬遜被認為是最理想的會議。

正式開會

4 會議召集人的三件工作

讓所有出席者都充分參與

前面說過，不需任何提問就可以散會，是最理想的會議。但實際上，這樣的會議即使在亞馬遜也很少見。會議召集人必須主持討論，在有限的時間內做出明確的決策。

做出最佳決策必須要的，就是**讓參與者完全絞盡他們的腦汁**。亞馬遜會議的負責人，必須在與會者讀完報告後，一邊詢問出席者：「對這部分有什麼看法？」一邊注意讓討論更加踴躍。如果不讓所有人充分參與，從各個不同觀點去檢討，就無法做出正確的決策。

對於保持沉默的人，不能輕率地判斷「他一定了解」。必須詢問完全沒發言的人「有沒有問題？」要讓大家針對最終的開會成果，保持一致的方向才行。

時間掌控

熱烈進行一段討論後，猛然看了一下時間，發現只剩五分鐘。倉促地統整意見，訂下次開會的時間。擇期再開，重複討論相同的議題。以上的狀況，時常出現在會議當中。

當然，做出最佳決策比準時開完會更重要。但不讓決策品質下降，在時間內做出決定，不浪費開會所花的資源，也是維持組織運作速度不可或缺的。

時間掌控是會議主導人的重要任務。一定得思考時間分配，讓討論朝向目標進行。主導者必須一開始就先決定時間分配，倘若是一個鐘頭的會議就必須在會議結束十分鐘前，半個鐘頭的會議則在五分鐘前進入意見統整。

話雖如此，主導者也是平凡人，一不小心可能就會太投入討論而忘了時間。如果察覺自己有這樣的傾向，可以拜託其他人協助掌控時間，或是設定手機提醒等方法，讓自己注意時間。

製作會議記錄

在亞馬遜，開會一定要留下會議記錄，不這麼做就無法回顧當時究竟說了什麼。下次開會還要再花時間回溯講過的內容，完全是浪費時間精力。

在亞馬遜，會議記錄是由會議召集人製作。但是，如果一邊主持會議一邊做記錄有困難的話，可以委託其他出席者製作。但即使委託其他人製作，會議結束後，**把會議記錄發給所有出席者仍是會議召集人的責任**。

另外，會議記錄必須在與會者記憶猶新時，盡可能快速送到每個人手上。有些公司要花上幾天才拿得到，我認為這樣真的太慢了。

在亞馬遜，會盡可能當天就送到每個人手上。也有人邊開會邊打字，所以真的毫不誇張，開完會每個與會者就能立刻拿到剛出爐的會議記錄。

COLUMN

一秒完成會議記錄

會議記錄不一定要花很多時間也能輕易完成。甚至只要決定好格式，再一一填上內容也沒關係。

我時常先在白板寫上「決議事項」、「下次開會前要做的事」、「各個負責人」等標題，再以手機拍下照片寄給與會者，一秒完成會議記錄。

有些會議未必要做會議記錄。不需打字整理成文書格式，而是直接在召開會議的郵件中，把當天的決議與後續活動簡單書寫後寄出就完成了。

會議記錄重要的是在回顧時能夠了解內容，未必需要花時間寫出完美的文章。簡單的協商或例行會議等，不妨依據內容、性質、層級等臨機應變加以調整就好了。

正式開會

5 讓會議發言更踴躍：換個說法、擱置區、從露臺俯瞰

會議是否踴躍發言的關鍵在於主導者

如果無法讓與會者充分運用他們的智慧，就難以做出最佳決策。因此，會議主導者必須**給予刺激，讓會議更熱絡，使討論有進展**。

比方說，當討論陷入膠著，主導者必須不斷拋出問題：「這是什麼意思？」「為什麼會想這麼做呢？」主導者有必要分析重要因素，協助與會者看清周遭情勢，釐清他們的思路。

另外，若察覺到討論雖然踴躍，但只是在原地打轉，為了避免時間浪

費，可嘗試調整順序，先討論之後的議題，運用各種方式讓會議更有效率。

以下我要介紹讓決策會議更熱絡的技巧。坊間有關會議主持技巧的書籍相當多，不妨多加參考。我在本書則要介紹亞馬遜經常提及，我認為格外重要的三個方法。

利用「換個說法」來督促意見提出

在亞馬遜，沒有任何與會者是不需出席的人。反過來說，沒必要出席的人不會被找來開會，又或是被召集時，當事人可以表示不參加。換句話說，參加者因為對於決策有必要表明意見才會被召集，所以不可能不發言。

因此，會議召集人必須督促發言較少的人提出他們的意見。不能只讓某些人發言，就逕行做出決策。

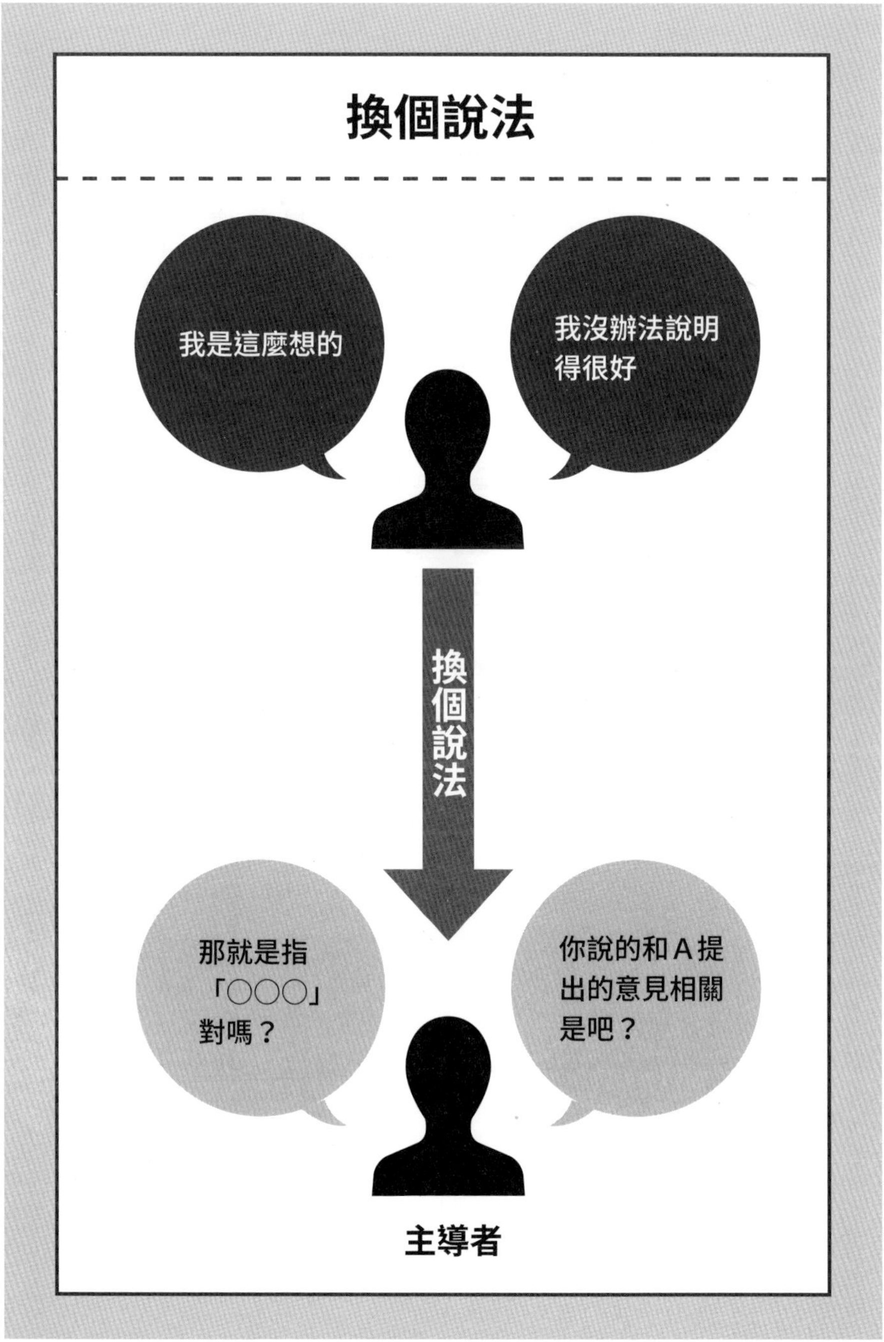
換個說法
我是這麼想的
我沒辦法說明得很好
換個說法
那就是指「○○○」對嗎？
你說的和A提出的意見相關是吧？
主導者

比方說，促使保持沉默、若有所思的人發表意見。這些人很可能有想到解方，只是因為不擅長表達、有所顧慮才沒說出來。

這種時候，主導者可以採取換個說法的方式來讓他們提出意見。換個說法就是補充言語表達不足的部分，以其他方式說明論點，這麼做可以讓發言較少的人表達想法。

以「擱置區」把話題拉回正軌

若想讓討論順利進行，可在白板某個角落劃設一個暫時擱置的空間。

這個擱置區就像臨時停車場，若會議上出現偏題的意見，即使很重要，但因為與當下討論的主題不符，所以先擱置在此。原定主題處理完畢，時間仍充裕的話，就再回來討論擱置區的意見。

暫時擱置

偏離主題的意見也不要忽視，先列入「暫時擱置」，讓與會者不會因而不悅，樂意繼續提出意見。

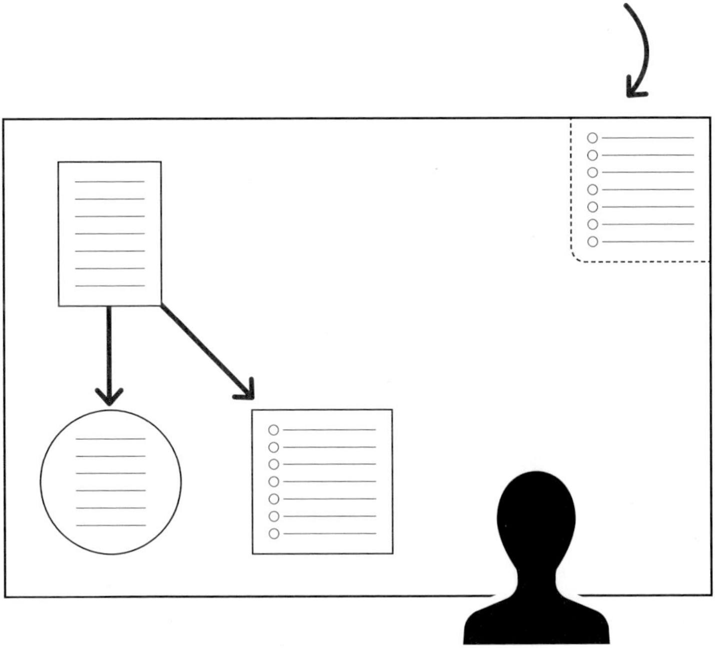

這是由於一旦在偏題的意見上深入探究下去，原本的主題可能就沒有時間討論。此外，有些意見雖然偏離本次會議主題，但因為可能會牽動其他問題，所以應該另外找時間專門討論。

劃設擱置區除了有助於把話題拉回正軌，也形同發出「你的意見很好，我很重視」的訊號。畢竟，與會者提出意見被忽視，難免會感到不悅。擱置區的安排，也算是對與會者的一種尊重。

從「露臺」冷靜俯瞰

沒人提意見令人困擾，但討論陷入白熱化以致無法收尾，也會是很大的問題。這時，主導者必須提醒大家：「冷靜一下！」控制討論的熱度，也是會議召集人必須具備的重要技巧。會議召集人為了取得開會成果，一定要保持冷靜客觀。

英語圈有「離開舞池，到露臺透氣」的說法，亞馬遜人也時常在會議中提及。所有人都待在大廳舞池一起跳舞，無法冷靜地環視整體環境，所以必須暫時登到露臺高處，居高臨下俯瞰大家的動向。

這個技巧的實際做法就是從座位上站起來。事實上，在亞馬遜的會議中，真的常有人突然從座位上站起來。這麼一來，所看到的景色也會改變，能夠從與過去稍有不同的觀點來討論。

以上就是亞馬遜領導人研習所教的三個技巧，實際上試著做做看，非常有幫助。

從「露臺」冷靜俯瞰
相同的視線高度，
會受到周圍的氣氛影響
提高視線角度，
就能從不同觀點切入討論

6 貝佐斯痛恨的群體凝聚

禁止加起來除以二的答案

在會議中進行討論時，為了找到彼此都能接納的結論，往往容易妥協。貝佐斯對此一再告誡：「小心群體凝聚！」群體凝聚的原文是social cohesion，意指應當避免因顧慮人際關係而妥協的結論。

貝佐斯舉例說明，A和B兩人目測天花板高度，A認為是三公尺，B認為是二點八公尺。這時雙方若是妥協而做出「那麼折衷決定高度為二點九公尺」的結論，就是所謂的群體凝聚。

貝佐斯主張必須實際用尺測量出天花板的高度，因為這類的妥協會養成對待顧客也使用妥協方式。

顧客實際上要求的可能是三公尺，若供應方擅自決定是二點九公尺，和顧客需求便產生了十公分的落差。

不要輕率地以折衷雙方意見，採用妥協後的結論來形成決策，而應確認事實，並基於事實做出最佳決策。這樣的思維非常重要，也和第四章要說明的PDCA及事後檢核有關。

過度講求群體凝聚的日本會議

天花板高度，畢竟只是舉例。實際上遇到這種情況，並不會以折衷意見做為結論。但平時遇到其他應該以事實或數據資料來做出結論的情況時，卻常常可見受到群體凝聚影響而妥協的例子。

天花板有多高？

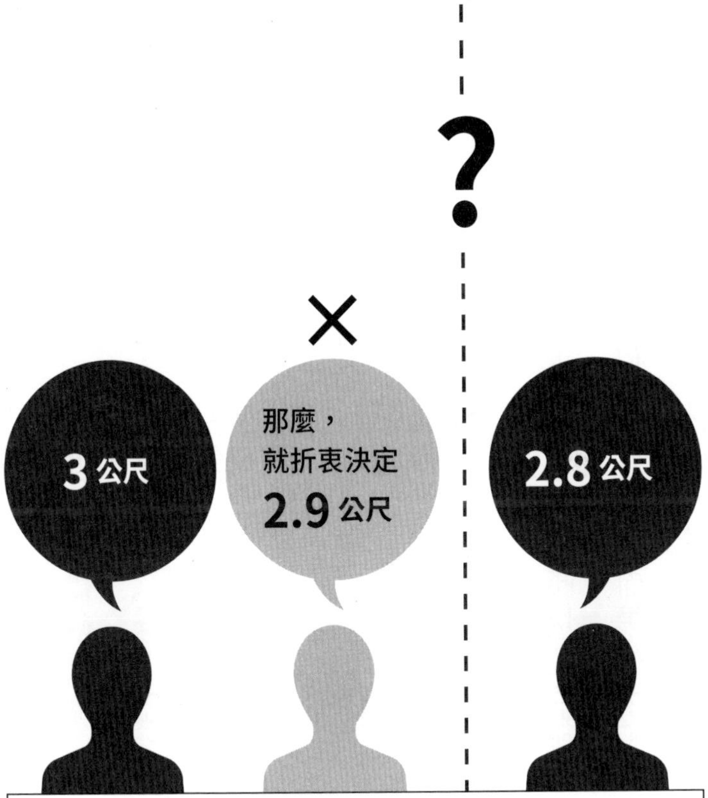

不是採取「群體凝聚」妥協得出的結論
而是實際測量，根據數據資料來做出結論

比方說，因為經常受到某人關照，或是多少必須顧慮那個部門的意見，摻雜了與做決策並不相關的考量，就是典型的群體凝聚。

從這個角度來看日本的會議，說實話根本是「妥協的製造廠」。開會前先個別斡旋，找到妥協範圍，然後針對交集的論點來進行會議。最後在妥協範圍內達成共識，就認為今天的會議進行得很順利。比起在會議中討論，這種做法反而著重檯面下如何斡旋。由於結論只是妥協的產物，將拉低整體的標準，使得會議流於形式。

當然，在亞馬遜也並非完全沒有事先斡旋的狀況。若預料會議難有結論，可以先向關鍵人物告知自己秉持的方向，據此找到佐證數據進行說服，等於是先拉攏同夥再進行接觸。但這並非妥協，而是為了更容易達成預設目標所採取的策略。這是在領導人研習時所學的技巧之一。

透過斡旋使得討論變質，導致妥協讓步得到的結論成為「決議」，或許是很有效率的決策方式，卻和最佳決策相距極遠。

亞馬遜的決策會議最討厭群體凝聚的結論、基於妥協而形成的讓步，永遠要求依循領導準則之一的**「顧客至上」**（Customer Obsession）來討論。因此會議中總會頻繁出現的問句是：「這真的是為顧客著想嗎？」

我將在第五章詳細介紹「顧客至上」。

7 勇於批評與信守承諾

要反駁就在會議上反駁

所謂的「Have backbone; Disagree and Commit」，是我將在第五章詳細介紹的亞馬遜領導準則之一。這句話的意思是**「要確實思考自己的論點，若有反對意見就在會議上提出來。一旦同意，就必須信守承諾」**。

在決策會議中，這個原則有極為重要的意義。我把它分成兩個部分來說明吧！首先說明前半段的「要確實思考自己的論點，若有反對意見就在會議上提出來」。

日本企業開會時，常可看到從頭到尾都不發一語的出席者。發言的人大約有兩個，其他人多半只是聆聽而已。更糟的是，甚至有人打開筆電做其他工作，讓這種人待在會議室只是浪費時間，乾脆讓他去處理其他工作比較好。

會議是交換意見的場所。既然被召集參加會議，就有發言的義務。當事人既然是代表該部門出席的人選，若不提出意見，就無法反映部門的觀點。

倘若有無法認同的意見，就有說明為什麼不贊同的義務。如果當場不吭一聲，事後看到成果才放馬後砲，批評「我就知道會失敗！」就違反了這條領導準則。

亞馬遜要求員工都要了解這項領導準則，並在開會時徹底遵循。

一旦同意就要信守承諾

接著說明後半段。經過意見交鋒後彼此同意的結果，**即使仍有些不滿意**

的地方，也一定要盡全力信守承諾。這也是亞馬遜人必須遵守的義務。

全力以赴才能獲致成功。心不甘情不願地投入，必然導致失敗。萬一發生問題時才抱怨：「我早就說了討厭這麼做！」是亞馬遜的一大禁忌。在會議上表示同意的任何人，都必須共同承擔責任。

若想參考亞馬遜的做法，至少在會議的場合，務必讓與會人士建立「勇於批評與信守承諾」這個理念。

亞馬遜的人事考核
會對馬後炮者進行扣分

會　議

▼▼▼

根據其他同事的評價進行全面性考核

・A 在會議上沒提出反對意見，卻在事後發出怨言

▼▼▼

- **對A提出改善建言**
- **扣年度考核評分**

8 在會議的最後設定成功目標

確定3W以後再結束會議

會議結束的方式非常重要。結束前不僅要回顧商量了哪些內容、決定了哪些事項，並且要能銜接下一個階段該做些什麼。

最希望大家避免的是「會議討論很熱烈，太好了！」這種曖昧的結束方式。會議召集人雖然期待各個負責人都能確實執行會議中的決定事項，但3W（What、Who、When）若是曖昧不明，就會常無法如預期執行計畫。

做出某個決策，知道接下來要做什麼了，但還要確定把某件「事」交給哪個「人」做，以及達成的「時間」，否則無法確實執行計畫。

這裡的人、事、時間三要素，尤其容易忽略的是人和時間。例如，一定要小心「由該部門負責」的說法，因為同一部門有多人與會時，常會發生彼此顧慮而沒人出面負責的狀況。以打棒球為例，就像球飛到負責守備的野手與野手正中間的三不管地帶，讓敵方擊出了安打。

為了避免這個狀況，**務必指定某個人來負責**，或是一開始就嚴格挑選出席者，同一部門只能由一個人參加，讓出席者成為當然的負責人。

同樣地，「大概是下個月上旬吧」這種曖昧說法，也是造成拖延的元凶。上旬是到哪一天？什麼時候是中旬？二十日算中旬？還是下旬？可能依每個人的感受而不同。盡量避免曖昧的說法，不妨確實表明幾月幾日、星期五早上等具體的時間。

設定成功的衡量標準

決策會議中，當決定進行某個企畫案時，就要先清楚確定接下來要以什麼方式進行、最終達到什麼成果才算成功。任何事一旦缺乏客觀測定的標準，只是一味埋頭苦幹到結束，無法查核效果，就無法把從中學習的經驗運用在下一次的工作上。

亞馬遜為了管理決定事項的進度，絕對會設定KPI作為衡量成功與否的標準。第四章我會再進一步說明，簡單說就是以客觀數字監控實施狀況，在進展不順時，立刻採取必要措施。

有了KPI，PDCA更好運作，企畫案成功率也會提高。大家都知道，真正決定會議生產性的，不是進行了什麼討論，而是做出了什麼成果。

第三章

源源不絕的新創事業及改善提案

亞馬遜模式
創意激發會議

導言

日本企業的創意激發會議太少

日本企業的訊息傳達會議這種徒勞的會議應該減少，創意激發會議則要增加，並應培養能組織這類會議的人才，若能以這些人為核心推動會議，想必能激發出更多好創意吧。

日本的製造業有個傳統，從以前就會在生產的第一線挖掘創意，並據此改革日常運作。即使是生產線上的某個工人，也能發現「每次操作這裡就會失誤，好像有什麼異常」。這種第一線的動能，連海外企業都大為折服。

但問題是，第一線做得到，但總公司做不到。尤其是開會時，大家都正經八百地坐著討論，那種由下而上、從實踐中激發創意的環境消失了。

當大家一起腦力激盪(brainstorming)，並將創意付諸執行，光是這麼做，效率就能快速成長。為了激發更多創意，不妨先營造一個容易產生創意的環境，可從會議型態或運作技巧來下手。本章將介紹亞馬遜的創意激發會議，包含腦力激盪與場外會議這兩種工作方式。

1 亞馬遜熱愛的腦力激盪法

把腦力激盪變成隨手可得之物

亞馬遜常透過腦力激盪來獲得大量創意。可能有很多人聽過這個詞彙，卻未實際做過。

我上上一份在SEGA的工作，也不曾參與過腦力激盪。我猜想或許是因為這類無中生有的創造性作業，只有企畫、新事業開發的部門才會採用，其他性質的工作可能都不會考慮吧？

相對地，在美國學校的課堂上就經常體驗各種討論、激發創意、整合執行等一連串的活動，進入職場後也時常進行腦力激盪。在亞馬遜，就算是日常工作也會頻繁運用腦力激盪。

一旦習慣了，就會知道腦力激盪並不是很困難的技巧。只要在網路上搜尋腦力激盪，就能找出大量有關這類技巧的暢銷書。我推薦大家可以參考這些書籍，在日常業務中多加運用。

在實踐過程中，可能會有這種情況：請團隊成員構思企畫案，但得到的只是平凡的想法。這時若試著進行腦力激盪，或許會有不一樣的變化。**有時一個人苦思冥想無法產生的創意，反而能被某個人的想法啟發，產生化學反應而激發出新的創意。**

就算想到的都是異想天開、不可能實現的創意，或是要花龐大金錢或時間的方案，但只要掌握了這個構思方法，就有機會思考出更有效率、成本更低的創意實現法。

這些都是使用堆疊式思考絕對想不出來的創意，而這種思維的相互碰撞，可以說是腦力激盪法的最大效果吧。

腦力激盪的使用時機

腦力激盪的確是可以期待的有效方法。但有時會遇到動不動就說「那麼，我們來腦力激盪一下」的人，這也會造成困擾。應當視時間及場合區別使用。

如果大家對解決方法已有大致的概念，召開一般會議直接討論會比較有效率。已有明朗的大方向，就不太需要天馬行空的新點子，此時聚焦在具體對策更為重要。

最適合腦力激盪法的情況是**完全不清楚解決方法，不知道如何達成目**

標。這時進行腦力激盪，能夠激發出每個人所擁有的創意，有可能發現嶄新的解決方法。

在亞馬遜，有時會先在公司內部進行少數人的腦力激盪，再透過我之後會介紹的「場外會議」，進行大規模的腦力激盪。

不論規模大小，在亞馬遜頻繁地使用腦力激盪，正是激發新創事業和新服務誕生的原動力。

具體的腦力激盪做法，我將從下一節開始說明。

視情況使用討論與腦力激盪

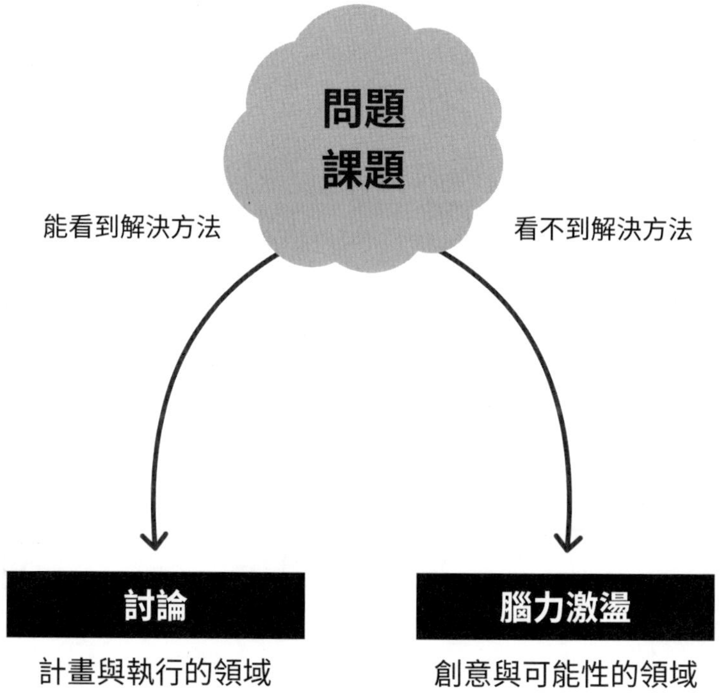

2 亞馬遜模式的腦力激盪原則

參加者和小組編制

單獨一個人無法進行腦力激盪。通常是五到六個成員形成一組，互相提出創意，這些成員來自同一個部門或不同部門。

設定五到六個人參加，比較能產出多樣化的創意，但也不是人數越多就越好。

順帶一提，亞馬遜常以**「兩個披薩小組」**的概念來決定開會人數（兩個十六吋披薩能夠餵飽的人數，通常是六人到八人左右）。這個原則是基於「人多嘴雜反而解決不了事情」，以及「只召集能應對這個問題的人來商量會更有效率」。

可能是為了體現這個想法，亞馬遜能夠容納幾十人的大型會議室很少，可容納八人或四人的會議室最多（常用於一對一面談）。從這些空間的大小就可以了解，出席亞馬遜會議的人數大約五到六人左右。

準備物品①白板

進行腦力激盪時，白板是必需品。話一說出口馬上就會消失，所以把腦力激盪參與者提出的意見記錄下來非常重要。

有些會議召集人會在便條紙上做記錄，但這只是單向蒐集想法而已。在白板上邊寫邊討論，才能使討論更熱烈。

另外，也可以**將語言文字圖表化**，能促進與會者的理解，也有助於維持討論方向的一致性。

我在亞馬遜的時候，我的主管很喜歡使用白板，他屬於邊寫邊整理思緒的類型。他也經常不斷對我說：「請使用白板整理下來。」不知不覺我也養成了在白板上書寫的習慣。

另外，在公司外面進行的場外會議上，可用**白板紙**來替代白板。開會時把白板紙直接貼在牆壁上使用，開完會捲起來可以帶回公司，方便之後拿出來重看。

我個人愛用的是便利貼式的白板紙。因為有格線，書寫容易，而且可以一張一張撕下來貼在牆上很方便。其他還有掛在畫架上或立在桌上等各種類型，可根據環境挑選適合自己的品項。

準備物品②便利貼

便利貼也是激發創意時的必需品。大家一起在便利貼上把想到的點子寫下來，然後貼在白板或模造紙上，接著邊分類邊找出問題點，進行討論和分析，想出解決方案。

與其由主導者聆聽每一個人的話，再寫到白板或模造紙上，還不如所有人一起寫在便利貼上，能在短時間內更有效率地表達意見。

腦力激盪需要的物品

COLUMN

電梯內的白板

亞馬遜的會議室中都設有白板，甚至還有整面牆都是白板的房間。

日本企業的會議室裡，有些會擺置一般會客室常見的小白板，有些則不會。但其實在牆上裝白板比想像中簡單，市面上就有賣磁吸式的白板，貼在牆上便能使用。

順便一提，位於西雅圖的亞馬遜總公司，有一部分的電梯也設置了白板。雖然有時會出現「TGIF」（Thank God its Friday，星期五了！萬歲！）這種孩子氣的訊息，但有時也看得到前人在電梯裡激烈討論後，在白板上留下的筆跡。

這令我非常驚訝，深深感受到白板文化已滲透到亞馬遜的各個角落。

3 讓腦力激盪有效率進行的訣竅

腦力激盪的基本

典型的做法是針對某個課題（例如下一季的方針），整個小組先自由發表各自的想法，並對各種問題做出回應。

進行大規模腦力激盪時，則要先切割時間，比方說討論兩小時後進行成果發表會，整體規劃可交給小組中擅長主持的人來負責。這個主持人在一開始做好時間分配後，要確保創意的提出、整理意見、做出結論、抄寫在白板上這一連串流程順利進行。

和一般會議相同，進行腦力激盪時也要掌控好進度，必須在預定時間內產出成果。

要善用腦力激盪，需要一些訣竅。不過以我的親身經驗來看，就算沒有特殊才能，只要多參加幾次，任何人都可以在能力範圍內辦到。

以下就介紹我在亞馬遜學到的腦力激盪訣竅。

不完美但快速

應該要求每個人快速提出想法。這是因為**給予過多深思熟慮的時間，就只能得到表面完美的答案**。

有趣的是，相較於自由思考，如果能施加一些限制、設定時間範圍，反而更容易產生創意。

假設會議要在一小時內結束，預計三十分鐘提出創意，三十分鐘歸納做結，若請與會者在五分鐘內或三十分鐘內盡可能寫下任何想法，五分鐘的限制比較能激發創意。

萬一五分鐘不夠，再追加時間就好。當大家的筆差不多都停下來時，先告一段落。討論中途想到其他點子，再繼續寫也沒關係。

腦力激盪要求的不是平時的思考模式，不求盡善盡美的解決方法，而是秉持**「不完美沒關係，但要快」**(Quick and Dirty)的精神，總之先求創意的量，再從中找到原石，琢磨成閃閃發光的鑽石。

不完美但快速
總之先求創意的量

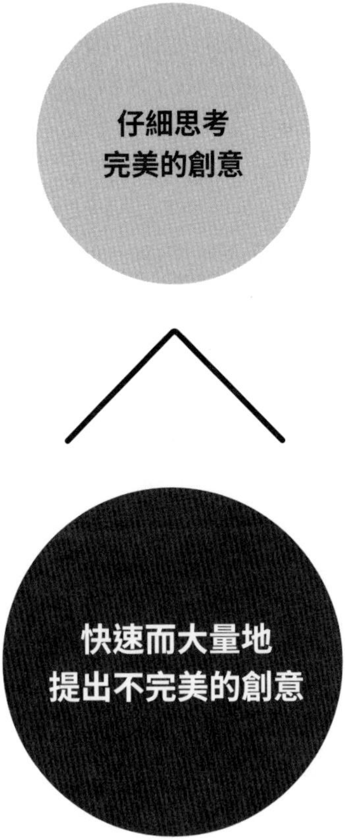
仔細思考
完美的創意
快速而大量地
提出不完美的創意

集結不同屬性的人參與

與會的每一個人必定都有不同的智慧。因此，假設小組有二十個成員，與其從中挑選五人參加腦力激盪，不如讓二十人全部參與，這樣運用了所有人的智慧，更有機會產生新創意。當然，在平時的辦公室環境中進行腦力激盪，想召集不同部門的人來參加可能有困難，但如果是場外會議，則要盡可能集結不同屬性的人參與。

但也不是人數越多，成果的品質就越好。參與腦力激盪的人選非常重要，如果聚集的是同樣屬性的人，想法不就大同小異了？

參加腦力激盪的人選不必限制在同一個部門，**集結財務、業務等其他部門的人員，觀察事物的角度會更加廣闊**。你認為理所當然的事情，從其他部門的角度來看，或許會點出從沒發現的問題。當對方質疑「這是為什麼呢」，靈感可能就被激發出來了。

另外，當小組成員有上下級關係時，可能會有所顧慮而無法暢所欲言。為了防止這種情況，必須留意小組成員的編選。

善用分析工具

參加者寫在白板或便利貼上的文字可能不好理解，別人的解讀也可能與原意有所出入，所以主持人追問提出想法的參加者「這是什麼？」是必要的。當所有想法都被正確理解，才能找出想法之間的共同點，並能在白板上分類整理。

所有人都提出創意後，如何歸納就是考驗主持人功力的時候了。他要在瑕瑜互見的各種想法中，**辨別不同思路並加以分組**。

這時，現有的分析工具也能派上用場。例如我在營運部門思考第一線的問題時，經常使用4M❹分析法。一旦習慣之後，在遇到問題時，便能迅速判斷出「這是有關費用的問題」、「這是有關環境的問題」，歸納到適當的分類。

會議召集人不宜過度介入

我說過決策會議的負責人掌控整體會議，是很重要的。但有時在腦力激盪會議中，**負責人不介入效果反而更好**。

尤其是當你想在金字塔型組織的會議中激發意見時，如果居上位的負責

❹原註：Man：人、Method：方法、Material：材料、Machine：機械。

具有代表性的分析工具

3C

- Customer 顧客
- Company 企業本身
- Competitor 競爭對手

4C

- Customer-value 顧客價值
- Customer-cost 顧客成本
- Convenience 便利性
- Communication 溝通

SWOT

	正面要素	負面要素
內在環境	Strength 優勢	Weakness 劣勢
外在環境	Opportunity 機會	Threat 威脅

4P

- Product 產品
- Price 價格
- Place 通路
- Promotion 推廣方案

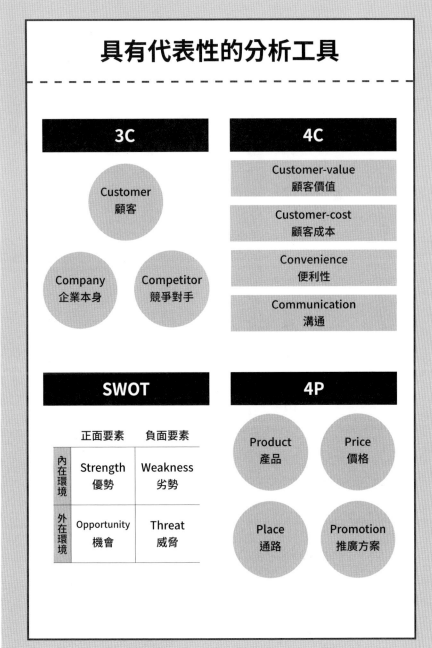

人加入討論，容易使與會者認為負責人的發言就是正解，大家的思考因而停滯，難以產生新奇的創意。

這種揣測上意而提出的點子毫無意義，不如交給參與者自行做主，不要過度介入才是最重要的。

我擔任會議召集人時，也要求自己退後一步來觀察整體。一旦加入某一組的討論，想法就容易受到局限，無法看清其他創意。

會議召集人的責任是觀察各個小組，當討論陷入僵局適時給予協助，控制時間，並在最後做好歸納，徹底扮演協助的角色。

4 亞馬遜模式的場外會議

在公司外開會的優點

我擔任中小企業的管理顧問時，不少公司對於腦力激盪與場外會議感到很新鮮。尤其是場外會議，或許日本企業還不太熟悉，但對於曾在外資企業服務的人來說，這應該是習以為常的會議型態吧。

所謂的場外會議，指的是在公司以外的場所舉行的會議。若在辦公室開一個較久的會議，中途難免有人要回去座位接電話，有人被叫去做其他事。為了去除不必要的干擾，於是改變場所開會，讓與會者能專注討論，這就是場外會議誕生的原因。

為了讓企業領袖、各部門主管，以及各部門中的核心成員聚在一處，裁決公司下一期的計畫、業務方針，提出具體想法，把企畫案做得更細緻，這時就需要辦一次場外會議。

以我在亞馬遜的工作為例，我負責供應鏈、倉管、物流及客服這四個團隊。我們每年召開一次會議，討論中長期策略，與會者包括各個團隊的總裁、副總裁，團隊之下各部門總監、總經理，以及一些資深經理。依慣例我們會租借那須或小田原的飯店召開兩天一夜或三天兩夜的場外會議。參加人數大約在二十到二十五人左右。若有高階主管要到場闡述公司經營方針，與會者會再增加一些。另外，各部門也會舉辦自己的場外會議。

目的不是觀光

優質的場外會議地點，首先要有一個能讓與會者聚在一起討論的空間。若需住一晚以上，則要有住宿設施。在這樣的環境進行腦力激盪時，能發現在公司想不到的點子、聽到平時無法聽到的意見。

近年來，日本似乎也開始吹起這股風潮，企業會租下民宿或學校來開會，一些渡假勝地的場地也增置了商務設備、提供各種商務服務，期望吸引海外企業、新創企業前來。

有人或許會因此認為，場外會議就是去觀光，但這麼想就錯了，「與外界環境隔絕」其實才是重點，所以租借市區的飯店或會議室也可以，只要能形成隔離的環境，就可以舉辦場外會議。

只不過，場外會議地點如果離辦公室太近的話，一有什麼事還是會被叫回去，有什麼不放心的事也可能中途離席，等於無法完全抽離平時的工作狀

場外會議

會場

- 離開平時的工作場所
- 盡可能選擇遠一點的地方
- 進入離線狀態

效果

- 能夠專注開會
- 產生和平時不同的刺激

態。因此，為了與日常業務保持距離、達成開會目的，最好還是要實際改變環境，製造出隔離空間。

不是只有離開辦公室，通訊也要離線

「離線」也很重要，要將手機、電腦關掉，專注於思考與討論。具體而言，從早上九點到下午五點的會議期間，手機電源要關掉或切換成震動模式，基本上不接聽任何來電。只利用午休或晚餐後的自由活動時間來收發電子郵件。這麼一來，就能夠屏除噪音干擾，與日常工作保持距離。

雖然在公司的會議室也能做到關閉手機電源、不開電腦，但場外會議的優點是遠離了平時的職場，心情也會不一樣，能帶來新鮮的刺激。尤其是想要思考有關革新的事情時，改變環境更有效果。

布置會場環境

場外會議的環境對會議成果有很大的影響。比方說，調整桌椅的排法就是改變討論效率的方法之一。以繞場地一圈的方式排列，或是拆成幾張圓桌分散排列，可以根據會議內容來規畫。

另外，也要注意大家開會時的環境是否舒適。舒適的環境能讓出席者絞盡所有腦汁，全神貫注在討論上，產生最佳品質的開會成果。

雖然想排除所有可能妨礙思考的因素，但地點如果過度偏遠，也會造成不便。因此，飲料、便當、轉換心情的零食等用品，都必須準備好。

考量這些瑣碎事項，是會議召集人的責任。場外會議的成敗關鍵，就在於能否注意到這些細節。

COLUMN

亞馬遜最大的場外會議

亞馬遜全球營運與客服部門（Worldwide Operation Customer Service）每年舉辦的年度會議，是亞馬遜規模最大的場外會議。全球各地營運團隊的副總裁、總經理、總監，以及遴選出的資深經理等，總計約三百人左右集結在西雅圖，舉辦為期三到四天的會議。

公司一開始規模不大、人數不多時，是在總公司開這個會議。之後公司規模變大，與會者多達三百人，但總公司沒有辦公室容納得了這麼多人，於是改為租下飯店的宴會廳來舉辦會議。

通常上午有各種不同主題的演講，下午則進行分組討論，或是參觀企業等活動。

5 亞馬遜領導階層研習營

場外研習鍛鍊領導能力

場外會議不僅是激發創意的會議，運用在研修方面也很有效。

我還在亞馬遜服務時，領導階層會被集中安排進行閉關式的研習，地點在距離西雅圖兩小時車程的深山裡，為期一週。

研習期間除了講座，還有實戰演練。演練之後，大家互相給予回饋，讚美對方或提出建言。這也是一個重新發現自己的機會，可以察覺到未曾留意過的自己。

這種研習讓大家換個環境，從慣性思考中抽離，接收良好的刺激。

亞馬遜領導階層研習營的「商業模擬遊戲」

在領導階層研習營中，我印象最深的是以虛構公司進行商業模擬遊戲。遊戲中有三家相同的公司，研習成員分成三組，分別擔任執行長之外，銷售、市場、生產等主要部門的副總裁或總監，接下來要完成各種任務，互相競爭，努力讓自己的公司獲得最大績效。

當時我扮演的是市場部門負責人。我收到一個信封，裡頭有許多來自不同人士的郵件。比方說，東南亞的銷售負責人提出，當地政府官員向他索賄，應該如何處理。沒有照慣例給錢，生意就做不成，雖然打算聽從對方，但還是希望先了解我的判斷。或是，在我負責的地區，有某個商品賣得非常好，但目前的生產量可能趕不上供貨量，是否可以要求生產部門增加產量。

我仔細閱讀這些郵件，整理並思考這些問題的優先順位，忙到半夜兩、三點，全力以赴準備隔天的遊戲挑戰。

遊戲開始後，我立刻去找工廠的廠長，因為我認為提高生產量是當務之急。沒想到廠長卻回答我：「我們的工廠排放出有害物質，被環保署要求停產兩個月。現階段不可能提高產能。」

那一瞬間，我花了一個晚上想出來的劇本完全作廢。絞盡腦汁，把各種情況都盡可能設想到了，但周圍環境卻發生預料外的變化。那麼我該抱持什麼態度？該以什麼樣的先後順序來解決問題？不論打算做什麼，如果不和其他人交涉商量，是不可能解決問題的，然而其他人也有自己要處理的問題。結果每個人都陷於混亂，在毫無進展的情況下，兩小時就過去了。

休息過後，我去看了其他兩隊，他們的處境也很類似。遊戲這樣安排是希望我們了解，遇到問題時不能只根據自己部門的狀況來處理，而應站在公司的立場，提出周全的解決方案。所以必須把所有人召集起來，彼此商量才行。這時要有人先站出來領導，釐清整個狀況，在有限的時間裡引導出結論。這就是研習營的重點。

在一陣混亂後，我們停止互相扯後腿，開始分享各自面臨的狀況，共商解決對策。我還記得當時心理壓力很大，原以為是語言隔閡造成的，但後來發現使用母語的同事也認為這是一段痛苦的經驗。

我切身體會到，領導者一定要為公司衡量各項事務的輕重緩急，並提出解決方案才行。即使與原本想的不一樣，該做判斷時就該說服自己去做。

6 場外會議的陷阱

也可以用在團隊凝聚活動

場外會議可以用來召開一般會議，也可以用來舉辦團隊成員一起參與的活動，以建立同心協力的團隊凝聚感。

比方說，我經常舉辦一個氣氛熱烈的義大利麵挑戰賽。我會給各隊二十根義大利麵、一公尺長的繩子、六十公分的膠帶與一塊棉花糖，各隊要使用這些物品把義大利麵堆高，並在最高處插上棉花糖，哪一隊堆得最高就獲勝。要用什麼結構堆高完全由各隊自行思考，從這個遊戲可以看出組員們殊異的個性。

在愉快的活動中提升團隊凝聚力不是壞事，但有陷阱。若只是到公司以外的地方呼吸新鮮空氣、放鬆身心，讓大家感情變好，這樣似乎無法得到最佳效果，不符成本。

把提升團隊凝聚力作為場外會議的主要目的沒什麼問題，但若能藉此激發出創意點子的話，成果變多，投資報酬率也會變高。

避免只得到「真是開心」的感想就收尾

關於場外會議，我有過慘痛的經驗。當時會議氣氛很熱絡，但會後追蹤責任歸屬時，明明有被委派任務的人卻表示完全不記得。所以場外會議跟一般會議一樣，都要明確訂出哪個工作要由誰、在什麼時間內完成。

不管是什麼會議，都不該在提出想法後就不了了之，而是應該讓會議成為通往現實的橋梁。其實只要思考舉辦會議的投資報酬率，就能了解這樣的要求是理所當然。

作為一個會議召集人，就算是場外會議，也至少要把基本事項列出來，其中最重要的就是**「時間」、「誰來負責」、「做什麼事」**，這些都要決定好。會後也要定期追蹤進度。若不這麼做，場外會議就只是一次愉快的旅行而已。

第四章

讓企畫案確實執行

亞馬遜模式進程管控會議

導　言

企畫案成敗取決於進程管控

會議中不論提出多出色的創意，也獲得與會者的認同，若不付諸實行，成果就是零。而要付諸實行，就必須管控進程，不能只是聽天由命。創意誕生後，要確實孵化，讓它成長茁壯。

亞馬遜「進程管控會議」的做法，對於那些難以產生新創事業的企業來說，相當值得參考。

進程管控會議就像領跑員，幫你配速，評估階段性成果，思考改善對策。召開這樣的會議，可以得知自己的工作是否順利，找出可以加強或修正的地方，也能了解其他人的進度，分享彼此目前的成果。

前面在說明「決策會議」時提到，確定要推動某個企畫案後，為了衡量成功與否，必須設定KPI來管控進程。

KPI設定好，就能開始用PDCA循環管控進程。管理不能一時興起，也不能看到成果後說一句「做得太好了」就結束，而要時常用KPI來查核階段性成果，思考有沒有精益求精的空間並予以修正，直到這樣的作業形成穩定的循環為止。

1 支持亞馬遜推動企畫前進的指標

指標＝KPI＝飛行儀表

實施企畫案時最大的問題是，無法清楚判斷是否處於邁向成功的狀態。我們不能只是主觀覺得「進行得很順利」，而必須使用客觀的依據，確認企畫案是否朝著成功的方向進行。

這就像是駕駛飛機時，不看飛行儀表，只靠目測來操縱，就算是再資深的駕駛員也一定會感到恐懼吧？駕駛艙裡有很多儀器，飛行中必須參考上面的數字。即使是採用自動駕駛，也必須看著飛行儀表，確認是否朝著正確的方向前進、保持足夠的高度、有沒有發生什麼問題。

企畫案管理就跟駕駛飛機一樣，如果你設定完目標後就雙手一攤說「交給你了」，這就像是開啟自動飛航模式，輸入目的地後就不管了。

在商場上為了掌握正確的方向感，必須有一個**定量化的評估指標**，因此不能不制定KPI。亞馬遜非常重視KPI，稱之為「指標」(Metrics)。本書為了避免混淆，因此避免用「指標」一詞，而一律稱KPI。

KPI是這樣形成的：將公司整體目標拆分到各部門，設定成「一個小時內想達到的數量」這樣具體、詳細的可視化目標。

使用KPI最主要的好處是提升商務效率。比方說，如果員工每天都能收到系統自動寄來的數據，便能掌握企畫案最新的進展，並據此擬出下一步的做法。

KPI和KGI的差異

先釐清一個有關KPI的常見誤解——把KGI（Key Goal Indicator，關鍵目標指標）與KPI搞混了。

KGI是指公司整體業績額、目標新顧客數、利潤率等。平常會議上提到的目標多數是KGI。當KGI穩定成長，或許會以為是新對策產生的效果，但這麼想是有盲點的。

比方說，新顧客增加是因為廣告做得好？樣品奏效？對批發商、經銷商、零售商的說明會很成功？或是綜合因素的結果？目標越大，牽涉因素越多。因此，當KGI下降時，藉口隨便找都有，開會討論的內容往往無關緊要，提不出對症下藥的方案，越來越偏離目標進程。

當然，KGI對經營一間公司來說非常重要，但管理階層如果對第一線員工說：「今年的營業額目標是一千億日元，拜託各位加油」，員工想必會不知所措。

因此，主管必須分解KGI，提出具體的KPI目標，例如「你們部門負責招攬顧客，要增加○○位新顧客」，接下來才能憑具體數字來檢證，例如一年該辦幾次什麼活動？登多少次什麼樣的廣告？在哪種項目使用多少預算等。

為了達成一項大目標，必須觀察什麼數字？這個數字要在什麼因素下才成立？這些因素就要由KPI來顯示。我們一定要知道，**以達到KPI為目標、不斷累積KPI值，才能達成KGI**。

KPI 和 KGI

KGI

目標

例：營業額、利潤率等

為了達成 KGI，
把目標拆分成可量化的任務

KPI

指標

例：拜訪次數、來店客數、客訴處理次數等

KPI的作法

把所有指標拆分成數個結果與導出該結果的主因

Y = f (X1, X2, X3……Xn)

※Y 是結果，Xn 是主因

【例】

Y = 本週的 EC（電子商務）配送時間平均為 2.6 天
X1 = 本週出貨 **495 單位**
X2 = 禮品包裝為 **120 單位**
X3 = 總勞動時間為 **298 小時**
↑
這些資訊無法判斷營運狀況的好壞。

比較實際成果和計畫

Y = 本週的 EC 配送時間平均為 2.6 天（目標 2 天以內）
X1 = 本週**計畫出貨 500 單位**，實際出貨 **495 單位**
X2 = 計畫禮品包裝 **50 單位**，實際 **120 單位**
X3 = 總勞動時間預估 **300 小時**，實際 **298 小時**
↑
能了解配送時間超過的原因。
但是，因為不清楚是哪一項 X 造成，所以無法思考對策。

提高資訊的精密度

Y = 本週的 EC 配送時間平均為 2.6 天（目標 2 天以內）

超過 0.6 天

X1 = 本週計畫出貨 500 單位，實際出貨 495 單位

達成率 99%

X2 = 計畫禮品包裝 50 單位，實際 120 單位。**達成率 240%**

X3 = 總勞動時間預估 300 小時，實際 298 小時。**達成率 99%**

↑

漸漸看清目前狀況。

再提高資訊的精密度

Y = 本週的 EC 配送時間平均為 2.6 天（目標 2 天以內）

超過 0.6 天，**未達到 ±0.2 天的目標**

X1 = 本週計畫出貨 500 單位，實際出貨 495 單位

達成率 99%，**在 ±7% 目標範圍內**

X2 = 計畫禮品包裝 50 單位，實際 120 單位

達成率 240%，**遠超過 ±10% 的目標**

X3 = 總勞動時間預估 300 小時，實際 298 小時

達成率 99%，**在 ±5% 目標範圍內**

↑

配送時間未達標，由此可以了解最大原因出在禮品包裝，要針對此進行改善。

2 一切都要具體化成數字

量化的重要性

ＫＰＩ是以數字指標來管理，但有人可能會認為，並不是任何東西都能用數字來呈現。真是如此嗎？

亞馬遜的思維是**「工作範圍內大大小小的事都能用數字來呈現」**。因為員工已經習慣每天看數據，所以進行某項工作前如果不設定ＫＰＩ，反而會不安。

企業都希望工作成效看得見。如果要做定性評估，判斷標準實際上卻會因人而異，評估結果總有偏差，也有曖昧之處。但數字不會說謊，十就是十，不會變成五。因此，尤其是多數人參與的企畫，為了避免產生模糊空間，有必要明確規定該觀察什麼數字。

如何把主觀要素轉為數字

有人可能會認為「顧客滿意度」是主觀意見，難以被量化。但在亞馬遜，什麼都能用數字來衡量。

假設顧客遇到了某個問題，一般會透過e-mail、致電、線上客服來尋求解答。若客服已經說明了，但顧客再次來信或來電詢問，表示顧客不滿意第一次的答覆，問題沒有解決。因此，亞馬遜的做法是設定一個KPI——能不能在第一次的答覆中就解決顧客的問題，並追蹤這個指標數值的變化。

如果KPI沒有改善，一定是機制的問題，要進行分析。比方說，原因出在客服回答方式不佳，還是解答有誤？

另外，面對「還沒收到商品」的客訴，客服若回答：「目前正在調貨，請您再稍等一下」，顧客可能會追問：「那還要等多久？」如果能回答：「目前已經送到宅配業者那裡，幾天內就會送達，請您再稍等一下」，顧客也許就能接受。

客服還可以提供其他選擇給顧客，建議他：「調貨需要花一些時間，我們有其他類似商品，您可以參考看看。」另開一條路，也能讓顧客滿意。

亞馬遜就像這樣預判問題、想對策與實施，看看數字是否有改善。若有成效，就可大範圍運用。

亞馬遜相當重視用數字來定量評估，但也沒有全盤否定定性評估。例如，人事考核會有無法以數字呈現的因素，假設有人說：「你的人品指數是八十五分」，你應該會很困惑要怎麼改善吧。所以要視具體情況，靈活運用定量評估與定性評估。

COLUMN

美軍災難救援的ＫＰＩ

以前我曾在某本書上讀到有關美國海軍陸戰隊的故事，令我大為佩服，「原來這種地方也有ＫＰＩ啊！」以下就介紹它的內容。

當颶風等災難發生時，海軍陸戰隊會先進駐災區，負責物資供給及基礎設施修復等工作。但他們不可能永遠駐在當地，重建完成就會撤退。為了判斷何時撤退，就制定了ＫＰＩ。

比方說，能否從颶風受災區撤退的其中一項標準是晾乾的衣物數量。理由很簡單，有洗淨的衣物就表示洗衣機可以正常運轉，意謂水電供應正常，居民的日常生活也確定恢復了。

建議你在工作崗位上也可利用相同思維，思考各種指標加以運用。

3 以指標分析推動決議事項的執行

什麼是指標分析

亞馬遜對任何事都會制定KPI，並透過「指標分析會議」來監控。在這類會議中，固定針對預算分析召開的進程管理會議尤其受到重視，任何部門每週必定召開一次。

進度管理會議的具體做法是，根據年度計畫審核每週預算是否達成。在亞馬遜，一開始設定的KPI能全部數據化，並自動形成報告；各部門負責人看過報告後若發現問題，便會在會議上提出。

部門負責人若提問：「這個數字偏離標準值，為什麼？」而負責實際執行的人回答：「不太清楚，詳細調查後再報告。」這在亞馬遜是不被允許的。亞馬遜認為，若只是告訴大家發生什麼事，那這個會沒有必要開。

若負責人能針對問題提出對策，與會者就知道怎麼處理後續工作。

換句話說，在亞馬遜有一個不成文規定——負責人除了要在會議上說明情況，會前還要**分析異常數值、擬好對策，做好應有的準備才去參加會議**。

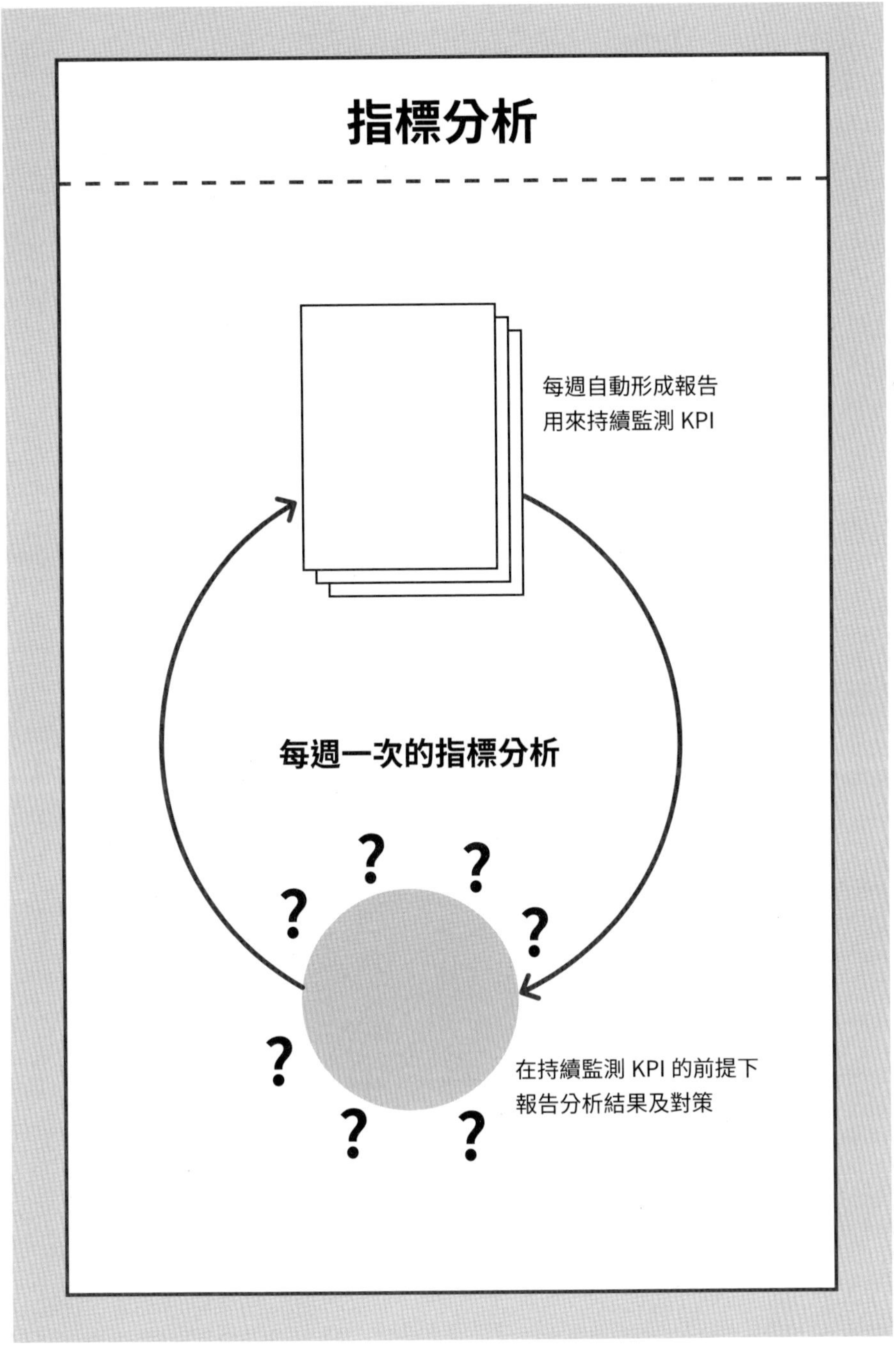
指標分析
每週自動形成報告
用來持續監測 KPI
每週一次的指標分析
在持續監測 KPI 的前提下
報告分析結果及對策

亞馬遜人必須刨根問底

之後我會介紹，亞馬遜領導準則當中，有一條是「刨根問底」（Dive Deep），也就是「打破砂鍋問到底」。

在亞馬遜的進程管控會議上，與會者對於異常數字，必須深入追究。

我已經徹底習慣刨根問底，我認為許多企業還可以多在這方面下功夫。

例如，在日本公司裡經常可以看到這種情況——下屬呈報給主管後，主管表示：「不太清楚具體情況，但先這麼處理吧。」從這種回答可以看出，主管的想法其實是「我不用知道得這麼清楚」、「因為和我沒關係，就這麼算了吧」。

而在亞馬遜，下屬無論呈報什麼問題，主管一定會細問原因直到心服為止，絕不會因為這不屬於自己負責的範圍，就直接交給下屬處理。在進度管控會議上也一樣，因為與會者都看著KPI的變化，負責實際執行的人當然知道，若出現異常數值一定會被追問，所以會準備好說明。即使如此，還是有可能被問到張口結舌。

這種窮追猛問的管理風格似乎管太多，但為了追究真正的原因，就是要反覆問「為什麼」，這樣才能確認沒有遺漏任何潛藏的問題。

亞馬遜的主管階級不愧是經驗豐富，他們會預判狀況，若無其事地給予建議，「和這個數據一併看看比較好」。若主管採取這樣的態度，部下自然也會跟著學習，不會只看表面指標，而會連同各種因素一起確認。

這種**一再追究為什麼的態度**原本應該是日本的絕技，但實際這麼做的人往往是製造生產的第一線，多數沒有運用在總公司，實在令人感到遺憾。

數值若無異常，就不開進程管控會議

進程管控會議確實重要，但也要避免流於形式。因為無論如何，開議的目的在於建設性地推動企畫案。

換句話說，負責人若只是要宣布階段性結果，其實沒必要大費周章開會，只要把重點數據或訊息發給大家就夠了。

會議的負責人在會前應該先詢問相關人員，如果數字沒有異常、也沒有要交換意見的地方，那麼停開當週例行的進程管理會議也沒關係。

4 工作不能仰賴人的善意，要倚靠機制

不能只憑藉個人經驗

若去觀察那些無法靈活運用ＫＰＩ的企業，便會發現他們沒有取得充分的數據。

例如，一些公司沒有分析每天的來店客數與庫存數據，而是憑藉第一線的經驗和直覺就決定：「明天應該可以賣這麼多，所以大概要訂這個數量的貨」。當我說：「沒有數據也能做到這種程度，真是厲害」，對方有些自豪地表示：「這都是靠長年累積的經驗」。對於被亞馬遜灌輸ＫＰＩ管理概念的我來說，沒有看每天的出貨量與庫存量變化，還能調度得這麼好，真令

人佩服。

如果這種做法可以很順利地運作下去當然沒問題，但進貨全依靠個人經驗與直覺，哪天這個人病倒了、離職了，所有工作會立刻停擺。

數據要妥善建檔管控才能有效運用

關於數據還有一個問題——只有企劃負責人掌握數據，不問他就沒有辦法進行分析運用。

亞馬遜的任何員工都看得到形形色色的數據。當然，重要的經營指標等機密數據無法調閱，但基本上，一般數據任何人都能接觸。

我雖然待在日本，照樣可以調到美國倉庫的變動費用、每日產量，以及其他有關生產的數據。有一個能方便查詢數據的環境，就可以更容易地設定與管理ＫＰＩ。

貝佐斯常說：**「善意起不了作用，機制才能發揮效果。」**（Good intention doesn’t work. Only mechanism works!）這就是說，要數據化、建立機制，才不會因為缺少了某個人就無法運作。

仰賴個人特質無法保證企業永續經營，ＫＰＩ因此運作不佳的公司，有必要重新檢討。已熟練運用ＫＰＩ進行管理的公司，對於ＫＰＩ的設定、數據的精密度與解讀方法等，還是有必要重新審視是否有仍顯粗略之處，並思考如何改進。

5 PDCA循環最多一星期

我負責的貨到付款企畫案

企畫案通過、決定了KPI之後，就可以進入PDCA循環，也就是Plan（計畫）、Do（執行）、Check（檢核）、Action（修正）。

不能先做再說，也不是看到執行結果講一句「做得不錯」就沒事了。而是要不停根據KPI進行PDCA循環，思考有無更好的做法並加以修正，直到穩定上軌道為止。

以下就介紹一個透過KPI進行PDCA循環的實例。

我在日本亞馬遜成立的第二年，負責導入COD(cash on delivery)，也就是貨到付款機制。消費者在網購時，通常會在到貨前用信用卡支付，之後才扣款，而我負責的COD則是讓消費者在宅配業者送達商品時才付款。

引進這個服務後，我們設定了KPI，例如利用率（貨到付款金額占整體支付總額的比例）與營業額的變化（使用信用卡支付與貨到付款的消費者各占多少）。企畫案開始推動時，我們會預想對營業額的影響，再透過KPI觀察實際狀況。

另外，最終目標是提升顧客滿意度，藉此增加營業額。因此，為了掌握客戶體驗(Customer Experience)，必須獲取客訴量、發生糾紛的數據、回覆顧客提問的信件等。

企畫案必須涵蓋這些KPI的監測，思考問題發生時的對策。假設利用率成長不如預期，原因很可能是多數使用者不知道這項服務，那麼就要考慮做網站橫幅廣告，告知使用者「現在已開始提供貨到付款服務」。

檢核行動效果很重要。以前述例子來說，分析網路橫幅廣告出現頻率與貨到付款利用率之間的關係，可以得知廣告有沒有效。如果無效，就必須採取下一個對策。

當你想不出有效對策，就是腦力激盪上場的時候了，可以向其他部門的同事尋求支援，善用他們的智慧，思考可能的對策，實際嘗試後，再次檢核效果。重複這麼做，直到達成目標KPI為止。

日本企業採用PDPD循環？

可能會有讀者認為「日本企業也有在做PDCA啊」。的確，書店中有關這類主題的書籍比比皆是，PDCA的思考方式廣為人知。

但我從事顧問工作時注意到，雖然很多公司有那麼多優秀人才推出了大量的專案，但他們往往**只有執行ＰＤＣＡ中的Ｐ（計畫）與Ｄ（執行）**。

在會議中的討論，也幾乎只和Ｐ與Ｄ有關，至於如何判定企畫成敗、要觀察哪些指標，總是被忽略了。

如果只是連續執行Ｐ、Ｄ、Ｐ、Ｄ，欠缺事後剖析（post-mortem，請參考第一百九十九頁）、用ＫＰＩ進行企畫的Ｃ（檢核）與Ａ（修正），那麼再怎麼計畫、執行，還是無法長久發展。

因此，在會議上訂立企畫案時，連Ｃ與Ａ的做法也要確實決定，是極為重要的。

高速執行 PDCA 是亞馬遜的強項

常見的專案推動狀況

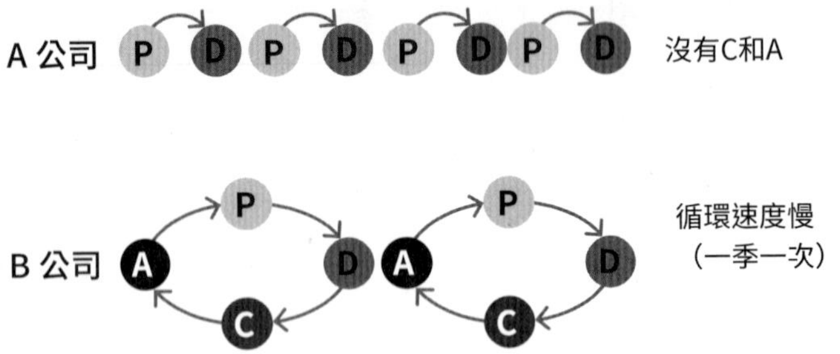

亞馬遜的狀況

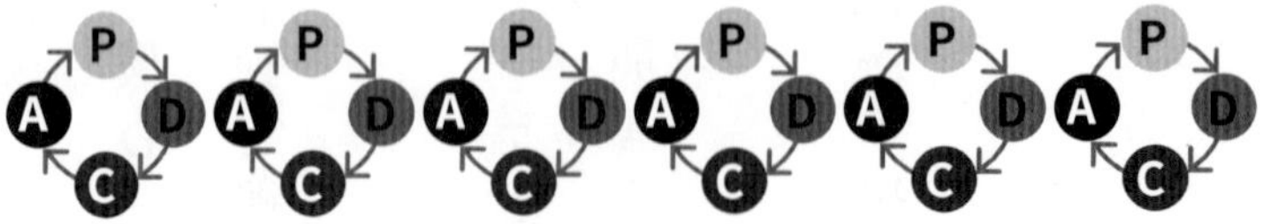

高速循環
（一週一次）

亞馬遜最長的檢核週期為一星期

還有一個要重新檢視的地方——在確認ＫＰＩ之後，針對問題思考對策的週期要多長。

現在是講求速度的時代，每月檢核ＫＰＩ一次太慢了。應該根據不同的觀察對象，以月、週、日為單位來檢核ＫＰＩ。有必要的話，甚至能以小時為單位。

在亞馬遜，**再久也是以星期為單位**來檢核ＫＰＩ。檢核循環越短，當發生問題時能越快修正，可以立即推進到下一個階段。

另外，雖然讓ＰＤＣＡ快速循環很重要，但是在同樣的階段重覆循環也沒有意義。為了讓企劃變得更好，有益於下一次的改善，最好要具有提高品質的意識。這麼一來，即使一開始的服務水準不夠高，一點一點改善的結果，有朝一日必定能和其他企業拉開差距。我認為亞馬遜的強項，就是能夠透過高速的檢核循環，腳踏實地持續改善。

減少「C」也是上司的任務

然而，一旦指示「緊盯這個數據」，這個工作就會永無休止地繼續下去，變成重擔。雖然在新企畫穩定前，有必要持續觀察發展狀況，但上了軌道、沒有異常數值後，就要停止監看，這也很重要。

把沒人在看的數據整理成報告，對公司來說沒有意義。即使是接手前任負責人的工作，被交代「星期一完成這份報告」，也可以試著中斷一次，看看是否有人提出怨言。如果沒有任何人在意，就表示不需要這份報告。

這種事部屬可能難以啟齒，所以應該由上司主動告知。如果不想讓部屬一直在低價值工作上疲於奔命，那就一定要協助部屬定期盤點，減少不必要的數據彙整與報告。

COLUMN

亞馬遜不認可「只會提案的人」

日本企業容易只偏重P與D，我想是因為能做到P與D的人，容易獲得較高的評價。通常負責企畫新商品或新事業的是優秀的員工，當他們執行到初步成功的階段（也就是P與D），績效被認可，就有機會晉升。不過，維持後續運作，讓事業步上軌道並進一步擴大，明明也很重要，但做這些工作的人卻不會被視為重要人物。

在亞馬遜，只會提案卻不管後續運作的人，不會獲得高評價。提案之後，還能管理KPI、建立例行工作的架構、步入穩定運作的狀態，才會有好評。當然，每個人都有擅長及不擅長的領域，但我認為應該要有更多人在意檢核與修正（C與A）的重要性。

6 企畫案結束後進行反思

會議不高明，創新就不會誕生

快速成長中的新創企業或中堅企業，以及煩惱著如何突破的大企業，或許都能參考亞馬遜的會議模式。尤其是為了開發新事業，與相關人員不斷商議，卻始終沒有任何產值時，就有重新檢討會議做法的必要。

在亞馬遜，不論成功或失敗，一直有相當數量的新商務誕生，這些都不是靠一個人思考、單獨採取行動，而是團隊合作的成果。

這麼一來，集合成員一起討論的次數也會增加。然而會議次數增加，卻沒有產生新事物，可以想見必定有許多因素。

可能是一開始就沒有掌握顧客需求，或是沒有發現商機。即使解決了這些基本問題，也沒有辦法制定適合的企畫。就算動手去做，結果只是半途而廢。或是沒有獲得想像中的成效。

這些執行上的問題，應該可以透過PDCA獲得許多改善。

除了PDCA之外，還有一個希望你能同時養成的習慣，那就是事後剖析。

事後檢證讓企業和員工持續茁壯

所謂的事後剖析就是**事後檢證**。這雖然不是特別嶄新的概念，但令人意外的是，多數企業並沒有做到。

我剛剛說過，日本企業多數只關注P與D。當企畫告一段落，很少人會去檢討為什麼失敗或成功，反而常說一句「太好了」或「下次再加油吧」就結束了。

企畫中的失敗或成功之處，以及只要多加留意、下次就能改進的地方，員工學了這些才能確實進步。

此外，不斷累積這樣有意義的會議經驗，新業務的準確度、效率便能提升，也會帶來公司的成長。

亞馬遜經常進行規模龐大的企畫，但必定執行事後剖析。我建議，進程管控會議的最後，請盡可能以事後剖析做結。

亮點與弱點

企畫結束後，開會進行回顧與事後剖析是非常重要的。在會議上要釐清哪裡做得好、哪裡做不好，以及下次該注意哪些地方就能做得更好。確實做到這個程度，才算盡到企畫負責人的責任。

在日本，一聽到要回顧企畫，很容易就會聯想到「反省大會」，這其實是誤解。在亞馬遜，會用**「亮點」(highlight)與「弱點」(lowlight)**這樣的標籤方式，為企畫中做得好與做不好的部分留下紀錄，這種做法也不僅限於事後剖析。

整理成功的因素，分析其中可以學習的部分，日後任何人在進行類似工作時，成功的機率就會提高。公司保留這樣的紀錄，能讓往後需要這類資訊的人方便查詢；若想要參考往例再做新的嘗試，也可以透過紀錄直接找到負責人詢問。同樣的企畫若能以更好的形式重現，公司運作的能力就可以更為強化。

在亞馬遜的會議上，某個ＫＰＩ數字表現優異時，會有人提問：「請分享一下為什麼可以做得這麼好」。當每個人都時時留意數據，當數據表現優異時就會有人注意到，這時主管不會只說「做得真好」、「太棒了」，而會鼓勵負責的同事分析為什麼會有這樣的成果，並寫成文章留下紀錄。

這些紀錄的累積，攸關工作成果與企業表現的良窳。

COLUMN

加分主義和考核制度

在亞馬遜，企畫開始執行時，負責人會寄電子郵件，向大家表達這是多麼值得慶祝的起跑日，信中通常會說：「這個企畫有賴團隊全力以赴才能開始執行，請各位給予祝福」。即使是每天的例行工作，負責人也會和所有人分享積極的訊息，像是：「因為財經團隊下了這樣的功夫，讓交貨期限能夠縮短，利潤更提升了百分之零點零五。」

這種做法也和考核制度有關。因為主管有義務傳達部屬在什麼情況下做了什麼努力。例如，我的團隊在聖誕季順利完成龐大的出貨量，我就把相關數據、團隊合照寄給大家，讓團隊成員的所有努力都被看見。因為分享了這樣的資訊，一旦在人事考核會議上被問到「為什麼給這個人打優良考績」時，就可以舉例說明「因為他很努力執行這個企畫」，還有郵件作為證據，立刻就能得到認同。

優秀的管理者都是透過這種做法，讓部屬在大家心中留下印象。

第五章

會議機能化與活性化

亞馬遜的領導準則

導言

亞馬遜的領導準則是什麼？

只是表面照抄亞馬遜的會議模式，絕對行不通。亞馬遜的會議之所以奏效，是因為亞馬遜人有默契地遵循了一些共同的價值觀。

這些價值觀是貝佐斯和幹部團隊思考出來的十四條「領導準則」(Our Leadership Principles)，在公司內部稱為OLP，是亞馬遜會議模式的前提。以前的內容比較少，後來經過更新、增補，成為下一頁所見的內容。

前文有簡略說明過其中幾項，本章將會從十四條準則中，介紹與會議特別有關的內容。

雖然OLP並不是專為會議而制定的，但出席人員若沒有要求自己實踐這些準則，亞馬遜會議絕對不會如此有效率。

或許也可以這麼說，若想學習亞馬遜的開會方法，從OLP下手會有更好的效果。

亞馬遜的十四條領導準則

本章介紹的領導準則

1	Customer Obsession	顧客至上
2	Ownership	業主精神
3	Invent and Simplify	創新與簡化
4	Are Right, A Lot	正確決策
5	Learn and Be Curious	求知若渴
6	Hire and Develop the Best	選賢育能
7	Insist on the Highest Standards	最高標準
8	Think Big	宏觀思考
9	Bias for Action	崇尚行動
10	Frugality	勤儉節約
11	Earn Trust	贏得信任
12	Dive deep	刨根問底
13	Have Backbone; Disagree and Commit	勇於批評與信守承諾
14	Deliver Results	達成業績

亞馬遜的理想員工形象

在亞馬遜，任何人都是領導者

十四條領導準則是全球亞馬遜員工的共同信條。由於亞馬遜認為每個人都是領導者，所以員工的日常活動都必須依照領導準則來行動。

亞馬遜的領導準則

●顧客至上

領導者必須以顧客為中心來採取行動。積極致力於贏得並維持顧客的信賴。雖然也要留意競爭對手，但最重要的還是顧客。

●業主精神

領導者必須從長期觀點來思考，不會為了短期利益而犧牲長期價值。不只為了自己的團隊，還代表整個公司採取行動。絕不會說：「那不是我的工作。」

●創新與簡化

領導者時常期許並要求自己的團隊追求革新與創造，並一直探索簡化工作的方法。留意外在情勢變化，從任何地方探尋新創意，即使不是自己的發想也不必在意。實踐新創意時可能遭受外界長期誤解，要有這種心理準備。

●正確決策

領導者在多數情況下都能做出正確的決定。擁有卓越的判斷力，以及基於經驗所培養出的直覺。追求多樣的視角，不厭其煩地挑戰自己的觀念。

●**求知若渴**

領導者要時常學習，不斷提升自己。對各種可能性充滿好奇，並實際去探索。

●**選賢育能**

領導者要不斷提高招聘和晉升標準。表彰優秀人才，並讓他們在組織中發揮所長。重視自己選賢育能的職責，也會培養其他領導人才。能建構出讓所有員工更進一步成長的新體制。

●**最高標準**

領導者永遠要堅持追求高標準，即使多數人認為幾近嚴苛。要持續提高標準，激勵團隊提供優質產品、服務、流程。若未達標準，必須停止執行。在發生問題時要能確實解決，並找出改善對策防止問題再次發生。

●宏觀思考

思考時一旦視野太狹隘，就無法獲得優異的成果。應大膽提出大局策略來求得良好的成果。要為了顧客，從有別於以往的嶄新觀點，探索一切可能性。

●崇尚行動

速度對商務的影響至關重要。多數的決策或行動都能不斷調整，所以不必進行過大規模的討論。深思熟慮後的冒險有其價值。

●勤儉節約

力求以更少的投入獲得更多的產出。勤儉節約能帶來獨立自主、創新發明。員工人數、預算與固定成本並非越充裕就越好。

●**贏得信任**

領導者會注意傾聽、坦誠溝通、尊重他人。即使覺得尷尬，也要坦白認錯，不要合理化自己或團隊所犯的錯誤。必須時常以高標準來評量自己與團隊。

●**刨根問底**

領導者要能隨時深入各個環節，掌握一切細節。經常確認現況，發現指標不如預期時要存疑。任何工作都值得涉入。

●**勇於批評與信守承諾**

領導者無法同意決策時，一定要帶著尊重的態度提出質疑。即使可能造成麻煩或需要費力處理，也不能閃躲。必須堅定信念，不能為了保持氣氛融洽而輕易妥協。不過一旦定案，就要信守承諾，全力實現目標。

● **達成業績**

領導者要聚焦在業務上的關鍵決定條件，確保工作品質並迅速執行。即使遇到困難，也要立即重整旗鼓，絕不妥協。

http://www.amazon.co.jp/b?ie=UTF8&node=4967768051

1 業主精神

把自己當作企業的主人來思考問題

所謂的業主精神，就是不能抱著事不關己的態度，而要親自站在顧客的角度來思考，主動積極地投入參與。

之前說過，企畫會議、召集與會者、思考會議目標與議題、主持會議，這些都是會議負責人的工作。這背後也帶有如此涵義：**主持人在推動會議時，要站在業主的角度下判斷**，與會者不能把責任全推給主持人，也應該抱著身為業主的相同思維來推動會議。

與會者不能認為這並非自己的工作，說完想說的話就算了，而必須顧慮其他成員的狀況，邊觀察團隊整體的進度，邊思考如何伸出援手。

沒有業主精神的人不能參加會議

正因如此，決定找誰來開會非常重要。我曾參加一些其他公司的會議，他們連誰該發言、誰有決定權都曖昧不清，讓會議難以順利往前。

尤其當同一個部門的部長、課長、主任都出席時，誰才是該部門的代表？要由最年輕的人來處理實際事務？還是由職級較高的主管來統一分配？一旦像這樣大範圍地找來相關人員開會，很容易就會變成互相依賴，做出不上不下的對策。與其如此，不如找某個人代表整個部門出席會議，就能徹底解決這個問題。

抱著業主精神來思考，就會比較清楚會議是不是和自己有關。假設是一般員工和部長一起出席的情況，一般員工就會先和部長商量看看：「這次若是部長出席的話，請讓我缺席。」若部長回說：「這個企畫是你負責的，麻煩你代我出席，之後再向我報告就行了。」這樣就可以避免有一方出席卻沒有作用。

把權限下放給部屬，讓他以部門代表的身分出席，那他在會議上就必須發言，這也因此能加強部屬的責任感。

若要從十四條領導準則中，選一條用於自己的公司，我會建議先從業主精神這一條做起。若會議的主辦人和與會者都有業主意識，就不會出現沒必要出席的人，各自都能運用寶貴的時間進行更有建設性的討論，並對會議做出的定案積極負起責任。

即使只是培養這種意識，應當也能產生很大的改變。

2 顧客至上

顧客至上就是成果至上

在亞馬遜，任何事務都是從顧客的角度來出發，這一點不誇張。OLP的第一條就是顧客至上。這也成為會議、企畫、日常業務等一切狀況下，最重要的價值標準。

例如，網站上出現了「用過商品後覺得並不滿意」的顧客評價，對生產者與亞馬遜來說都有負面影響，但若這個評價能成為其他顧客的參考資訊，那就不能刪除。當然，顧客評價若惡意誹謗中傷這樣的內容，還是會依照作業流程予以刪除。但基本上，不論是正面或負面的評價，都會視作對顧客有益而保留下來。

開會也一樣，如果不是對顧客有益的討論，就沒有意義；對顧客不利的決策，絕不可能批准。因此，實際上在會議中，可以頻繁聽到有人質問：

「這真的是為顧客著想嗎？」

以是否替顧客著想為判斷標準

主持會議時，與會者的意見可能會出現分歧，不知怎麼做才好，遇到這種情況就要想一想顧客至上準則。

在亞馬遜，此時絕對會有人提出：「這真的是為顧客著想嗎？」依循顧客至上的價值觀，不論做什麼，若是顧客不滿意，或是無法提供顧客需要的服務，就沒有意義。這樣的思考已經在亞馬遜人心中根深柢固。

例如，有某個做法會讓顧客晚一點收到貨，但公司利潤可以提高百分之二十，也許有些企業會為了追求經濟利益而決定採納這個做法。

但在亞馬遜，這個做法會被駁回。因為亞馬遜**絕不容許帶給顧客困擾、犧牲顧客利益來擴大自家利益**。只要會議上的討論一出現這種傾向，在會議負責人或與會者之中，必定有人會出面反對。

然後，大家會開始討論其他可能性：如何在不延遲交貨的狀況下提高百分之五的利潤？若要實現百分之二十的成長，現階段必須付出什麼代價？要做什麼改變才能趨近百分之二十？

公司重視的價值觀或經營方針，不是掛在牆上的裝飾品，而應當落實在日常業務或會議中，成為討論或行動的判斷標準，才能真正發揮它的功效。

3 最高標準

邁向最高標準不妥協

在會議上，若將發生妥協的狀況時，必須再次確認「以這個目標去進行可以嗎？」「我們一定要到達的終點是什麼呢？」

在亞馬遜，若是因為擔心無法達成而設定了消極的目標，一定會有人追問：「這個目標不會太低嗎？」

當然，這不是說要胡亂設定一個虛無縹緲的超高目標。在亞馬遜，會有憑有據地進行協議，判斷目標是否應該調整。假設目標是一百，但評估不論怎麼努力都只能達到八十時，必須提出依據來說明：「分析完這些數據後，目標一百是不可能實現的，設定八十比較合理。」

重點是**在可達成的現實範圍內設定一個更高的目標**，或是在不改變最終目標的前提下設定階段性目標，藉由調整達標速度的方式來提高標準。

順帶一提，亞馬遜的企業文化是即使調整目標為八十，仍會不斷思考並嘗試達到一百。也就是達成某個目標後，就繼續追求更高的目標。

亞馬遜不把競爭對手視為目標

還有一件相關的事。

亞馬遜在設定目標時，**不會以競爭對手為目標**。

由於現在的亞馬遜在技術開發等方面都領先其他公司，所以顧客或員工對這種說法可能會認為理所當然。但追溯歷史，亞馬遜在加入網路書店市場前，已經有其他公司跑在前面，開始提供音樂下載服務時，也比蘋果公司的iTunes大約晚了一年左右。

然而，可以斷言亞馬遜當年若是以那些早就在網上銷售書籍的企業為目標，它就不會有如今的成功。因為當你決心要打倒某家公司，**就可能開始忽視顧客需求**。

不是思考如何在現有的網路書店中拿下第一，而是思考如何在整個出版行業中成為領航者。也就是說，不是以最高營業額為目標，而是想著怎麼做才能成為顧客最支持的書店。顧客至上是唯一的衡量標準。

亞馬遜的作風不是和競爭對手比較孰優孰劣，而是**追求絕對價值，讓自己不斷進步**。

4 宏觀思考

用更寬廣的視野來俯瞰

這條領導準則在進行腦力激盪或思考新點子的時候尤其重要。在亞馬遜的會議中，不時會聽到有人說：**「這樣是不是不夠宏觀？」**這句話意謂著，如果不以更寬廣的視野來思考，有可能會誤判問題。

若想要宏觀思考，就不能只聚焦在自己負責的部分，也要擴大範圍去看事情。企畫負責人難免在不知不覺中局限於個人眼前的業務，被週計畫牽制，追求高績效。但到了部長層級，要思考的是全年預算或中期計畫，觀看事物的角度自然不同。

以部門代表的身分出席會議時，**要嘗試站在比現在的自己更高一階的立場來思考**。一般員工要從課長或部長的視線來俯瞰企畫，試著想想自己打算要進行的工作是否行得通。有時，即使符合大方向，但在一些細微的地方仍有偏差，若放任不管直接執行下去，誤差很可能會越來越大。既然主管已委派自己代表部門與會，那就好好把握這個絕佳時機，站在主管觀點宏觀思考對整個團隊的影響。

注意時間軸

基層負責人和高層主管看事情的觀點有所不同，最大的差異可能是對時間軸的認知。

即使現階段沒問題，一年後或五年後會是什麼情況？商業規模若擴大到現在的十倍，目前計畫要做的事能照樣跟著擴大嗎？這些就是高階主管要思考的問題。

尤其亞馬遜是一家透過建構平臺來拓展業務的公司，更必須思考擴大業務規模後，平臺是否能照常運作。因此，每當亞馬遜要擴大業務規模時，都會拉長時間軸，站在更高的位置評估策略是否正確，有沒有更好的做法。

5 刨根問底

不要被表象蒙蔽雙眼，要更深入挖掘本質

除了宏觀思考，也要深入問題，探求真正因素，才能解決問題。

假設有某個顧客希望商品能賣得更便宜，這時要是輕率決定，「為了回應顧客需求，所以定價一律下調百分之十」，這種做法絕不可能讓企業永續經營。

表面上顧客說的確實是希望降價，但深入探究後就會發現，顧客其實是希望某特定種類的某商品便宜一點。

這時應該先分析資料，找出可能是哪個商品太貴，接著對這項商品訂出

特別折扣，或許銷量就會有極大的成長，也可以提升顧客滿意度。另外，也可增量減價、增加購買量與品項，或許也能吸引目標客群以外的消費者。

在亞馬遜開會討論要促銷哪些商品時，假設出現這樣的提案——「根據資料分析結果，應該針對過去一個月銷售額排名前一萬名的商品打九五折」，這時應該會有人追問：**「這個分析是不是不夠深入？」**為什麼光憑過去一個月的數據，就能斷定這些商品是顧客需要的？或許顧客想要的是穩定銷售的長銷商品。

若是如此，或許應該針對過去一年間，月銷額最常進入前一百名的三十種商品，提供更多折扣，才能讓顧客滿意度提升。

當你以為證據確鑿，有理由做出判斷時，更需要問自己：這個定案真能解決問題？我也常被主管提醒，**如果不深入一步，就看不到問題的本質**。

6 崇尚行動

迅速行動，迅速解決

假設你有兩個這樣的員工。一個是經過長時間深思熟慮，一開始就以百分之百不出錯的方法來執行計畫的員工。另一個是承擔適度風險，盡早實踐，邊做邊修正，直到達成目標的員工。

假設兩人都成功了，你會給哪一個員工較高的評價呢？在亞馬遜，會給後者較高的評價，**因為亞馬遜是一家在商務上極為追求速度的企業**。

多數的決策在執行後期都還能調整，尤其在小規模試行時，通常不至於造成不可逆轉的失敗。因此，在企畫剛開始時，不必先求完美，即使有不甚明瞭的地方，還是可以先在小範圍內嘗試。

例如，亞馬遜在推展新業務時，經常限期兩天只在一部分的使用者中測試，或是只讓半數到訪網站的人看到，再與那些沒看到的人進行比較，檢證兩者之間的差異。以類似這樣的做法進行測試並觀察反應，確認哪一種方式效果更好，再擴大規模進行。

測試時，除了要做到自己滿意為止，也要注意不能花太多時間。檢核到某種程度後，就要在承擔適度風險的狀況下開始實踐。

讓風險降到最低限度

追求速度當然重要，但也要極力減少風險。必須預想最糟的情況，以及如何應對。這麼做就能在洽當的時機停損，避免赤字一再擴大卻無法收拾。

7 求知若渴

持續學習才能開拓未來

這一條是後來才添加的領導準則。雖然與開會沒有直接相關，但對於需要創新服務或新鮮想法的企業來說，這也很重要。

隨著公司規模擴大，認為自己只需要熟悉特定職能就行了的人也會增加。尤其當公司成為業界龍頭，領先其他同行時，學習新知的意識容易變得薄弱。

貝佐斯一直懷著這樣的危機感——若公司領導者不學習新知，預先播下種子，十年後這家公司就會消失。這或許就是他增加這條準則的原因吧。

亞馬遜原本就是一家邊學習、邊進化的企業，貝佐斯剛創業時其實也沒有帶領數十萬員工的能力與技術。隨著事業版圖擴大，貝佐斯不斷從其他大型跨國企業聘僱經驗豐富的專才，即使位居高層，仍願意傾聽他們的意見，讓亞馬遜在這樣的過程中成長茁壯。

亞馬遜認為，只要人才有所成長，必定會為公司帶來良好的影響，因此樂意積極投資人才。

8 在公司內貫徹領導準則

領導準則是人事考核和人才培育的基準

經營理念或行動準則如果只是掛在牆上的裝飾品，一點意義都沒有。必須運用在工作當中，這些準則才有生命。

包括會議在內的所有工作場合中，亞馬遜都會要求員工實踐領導準則，而這些準則也被納入人事考核。

對領導力準則進行考核有其難度。例如，主管認為部屬不擅長宏觀思考，部屬只會覺得困惑，不知從何改進。是要多讀一些書來拓展視野？還是參加一些講座學習理論？這些努力固然重要，但空想無濟於事，還是必須在具體行動中加以落實。

這時，主管的重要職責是分配妥適的任務給部屬，並協助他們以更寬廣的角度去審視這些任務，培養宏觀思考的能力。例如，主管可以製造一些機會，讓部屬負責更大規模的企畫、帶領更大的團隊、調動更多人進行公司內部優化等。

亞馬遜的領導者，**並不只是依照ＯＬＰ來為員工打分數，還必須思考如何推動與強化實踐ＯＬＰ的行為。**

領導準則也是人事聘僱的標準

雖然亞馬遜會為全體員工提供基礎培訓，但原則上還是會專注於培養有潛力的人才，積極為他們提供一展身手的機會。若能培養出超級巨星，交付高兩、三階的工作，這樣一來，既免去了外部聘僱的麻煩，也能為公司的成長帶來極大的貢獻。

因此，在人事考核會議中，主管要協助員工了解自己不擅長之處，討論該提供什麼機會、培養什麼能力等。

當然，聘僱具有這些特質的人才同樣重要，所以面試負責人會準備一些與ＯＬＰ有關的問題集，測試應徵者是否具備公司看重的潛質。亞馬遜內部稱這個過程為「探測」(probe)，就像雪崩後用棒子試探雪面下是否有人被埋住一樣。

經過這樣的適性分析聘僱員工後，還要繼續透過現場工作的歷練，把ＯＬＰ深植在員工腦海裡，從而建立出公司的共通語言與價值觀。

公司內部活動隱藏的用意

亞馬遜即使舉辦內部活動，也必須依循OLP執行。

例如，倉儲部門在繁忙的聖誕季結束後會舉辦兩個慰勞活動，一個是年終員工派對，另一個是邀請員工的家人參觀倉庫的家庭日。

在這些活動中，員工與家屬都是「顧客」，主管的職責則是慰勞大家，若活動負責人要求主管登臺表演，主管就得跳舞或變裝演出。

在亞馬遜，把這些活動辦得有聲有色的人會享有極高的榮譽，甚至成為下一代領導者的候選人。因此，活動負責人會認真投入，不會讓大家只是開心一場而已。因為每年若都是同樣節目、同樣的人表演，就會流於公式化。因此必須思考如何做出超越往年的內容，讓「顧客」擁有更好的體驗。結果員工的期待越來越高，活動負責人面臨的挑戰也越來越大。

為什麼亞馬遜會讓未來的領導者候選人花這麼多時間準備這些活動呢？因為策畫這樣的活動，會牽涉到形形色色的人，如果沒有真正實踐領導準則，是無法把活動辦好的。藉著策畫這樣的活動，公司能發現當事人在平時工作中看不到的優缺點。換句話說，這些活動不單純只是玩樂，也是人事考核的一個評估項目。

因此，公司高層會仔細觀察活動負責人如何召集成員、如何推動企畫，還會看「顧客」在事後的問卷調查表寫了什麼意見、滿意度有多少，這些資訊都會被列為選任領導者的參考。

因此，被選為活動負責人不但是一項榮譽，也必須全力以赴才行。

第六章

會議改革該從何著手？

讓會議有效率的關鍵

導言

對於會議要做到徹底能省則省

很多企業有太多沒必要開的會，光是調整這一點就能節省很多時間。減少不必與會的人、開會的次數，勞動生產效率就會顯著提升。

根據佩索爾綜合研究所（Persol Research Institute）和立教大學的調查顯示，有一萬名員工規模的企業，每年因無效會議而造成的損失可達十五億日元左右（約新臺幣三億七千萬元）。我們應當更謹慎看待會議成本。

我以商業顧問的身分多次參加顧客公司的會議，強烈感受到以下問題。

・出席會議的人過多。
・有些人沒說半句話，或是偷偷進行個人的工作。
・電子郵件交代即可，卻開會說明。
・會議過程拖延，無法準時結束。
・討論很多細節，要事卻議而不決。

若想改革工作方式、減少加班，解決生產力過低的問題，必定要徹底面對無效會議。因此，本書最後要介紹如何減少開會次數、精簡與會者、縮短開會時間，讓會議更有效率的方法。

1 減少會議次數

為什麼有些主管喜歡召開毫無意義的會議？

我的主管經常告誡：「絕不能為了自我滿足而開會」。

雖然在亞馬遜有系統化思考的風氣，但還是無法根除無效會議。每當出席這種會議，我都不禁心想：「我現在這麼忙，竟然還找我參加這麼無聊的會議，根本吃飽沒事幹。」

之所以出現這麼多無效會議，原因之一就是有些主管以開會為樂。以前，握有重要資訊是權威的一種象徵，代表自己位居金字塔階級頂端。換句話說，主管藉由開會傳達資訊，可以誇示自身的權力。但如今，資訊交流輕而易舉，過去的金字塔型組織日趨扁平化，把開會當作展示權威的場合，這種思維已經跟不上時代。

另外，主管總愛關心這、關心那，有時明明不是要事，卻找來所有人開會問東問西，以致單純報告性質的會議不斷增加。

如果真的很想聽聽部屬的看法，要做的應該是一對一面談。主管一定要節制開會的衝動才行。

那身為部屬，當發現主管只是基於個人喜好開會時，該怎麼做呢？要是直接抱怨，主管一定會火冒三丈。

我的做法是先試著問主管：「能否請教一下，**這次開會的目的是什麼？**」先請主管說明這次會議希望收到什麼成果，若主管的答案明顯與自己無關，可試著婉拒：「這個會議與我的工作不太相關，我可以不出席嗎？」

即使對方是主管，為了提升工作效率，該說的話還是要說。主管召開無效會議要如何回應，也是身為部屬的一堂重要職場課。

加入「可以取消」的規則

有的主管還會有這種心態：一旦宣布召開會議，就很難臨時喊停，就算沒有重要資訊要分享、週進度也沒變化，總之先集合大家，聽一聽部屬目前做得如何。一旦抱持這種想法，無效會議就產生了。

亞馬遜強烈厭惡無效會議。照理說，只要決策合理，大家依計畫順利執行，不開會也無所謂。但這麼一來就無法得知大家在想什麼。因此，有些會議之所以召開，是為了聆聽各方意見，及時調整決策。由於亞馬遜是這樣定位會議的功能，所以若認為沒必要開，可以臨時取消；覺得與自己無關，可以拒絕出席。這些都被認為是理所當然的事。

當然，應該極力剔除不必要的會議，即使是必要的會議，也可以把臨時取消的規則制定好，這樣就可以減少因為彼此顧忌而召開的無效會議。例如，可在開會前一天確認隔天是否要開會，若沒有特別需要討論的地方，那就通知大家：「這週不開會，若有任何意見，麻煩以 email 告知。」

想必與會者之中，大概有半數左右認為開會十分麻煩，這些時間還不如用來處理其他工作，或許也不必加班一小時了，可以早點回家不是很好嗎？

開會本身並不是目的。開會是因為有要事必須召集相關成員加以確認、做出決策，或是有重要資訊必須當面宣布。如果只是大家聚在一起喝茶閒聊，最後說一句「這次會議沒有特別的決議事項，大家繼續加油！」就散會了，這樣只是浪費時間。

公司高層必須身體力行，取消這類毫無生產性的會議。唯有如此，部屬才會仿效，在第一線日常工作中落實這些原則，進而變成企業文化的一部分。

訊息傳達會議以溝通工具代替

雖然現在已經是透過電子郵件就能傳達訊息給所有員工的時代，但出乎意料，我看到許多現代化的公司仍在傳閱紙本文件。

例如，很多公司沒有指派專人追蹤傳閱過程，三成左右的文件在傳到相關人員手上前就消失了。而且文件沒有編上序號，收回來之後也沒有好好整理歸檔。即使傳閱者都在文件上簽名了，但有沒有真的看過內容根本無從確認。這種徒具形式的傳統習慣，毫無意義。

我之前在SEGA服務時，有好幾次在年終大掃除發現抽屜裡有放了半年以上的傳閱通知單，只能偷偷丟掉。我這麼做，資訊傳遞中斷了，但也沒有造成大問題，可見這些通知單真的是沒有傳閱的必要。

現在只要透過電子郵件就能瞬間分享訊息，也可以透過公司內部網站隨時取得需要的資訊。應該要好好利用這些技術，讓所有人都可以依照各自的需求查詢。最好還能定期分析，哪些資訊一直沒有任何人去看，就代表它們應該被清掉。

從細節去重新檢討，就是減少多餘工作與資訊傳達會議的第一步。

COLUMN

亞馬遜高層也搭經濟艙

除了開會，亞馬遜對任何事都崇尚節約。員工都會思考如何不浪費錢。例如，差旅費能省則省的想法，深植到每個員工的意識裡。副總裁搭機坐經濟艙，社長搭新幹線坐普通車廂指定席。有的主管搭新幹線會選擇較寬敞舒適的「綠色車廂」座位，搭機則升等商務艙，但這些都得自費。

公司內部網站甚至為從各地來訪西雅圖總公司的員工提供節約指南，例如「從西雅圖機場搭共乘計程車，五十美元就能抵達，請盡可能避免昂貴的交通費」。可以說亞馬遜是耳提面命呼籲員工勤儉節約，從上到下都貫徹執行。

2 減少出席人數

不必與會的人讓會議效率低落

我在亞馬遜服務時，有一次為了一個新企畫，我和主管一起到客戶公司拜訪，看到一件令我們很驚訝的事——對方竟然派了十五人出席！實際上，需要與我們協商的人只有負責營運、系統與財務的三位同事，但連營業所所長也出席了。

因為人數實在太多，所以我們建議對方：「不需要這麼勞師動眾，只需真正相關的人員出席就可以了。」但下一次開會，仍有七、八個人出席。果然這就是日本企業的作風，令我印象深刻。

找不必要的人與會，除了浪費此人的時間，還可能出現不相關的討論，讓現場陷入紊亂。尤其是在追蹤企畫進度的會議上，若高層領導者突然出席，還提出過去不曾討論過的意見，那麼主持人就得暫時擱置會議原本的目的，改而先向高層說明企畫本身，使得會議難以正常進行，效率變低。

區分務必出席及自由出席者

會議負責人若有確實理解討論事項，清楚會對哪些人造成影響，就不會召集不必要的人來開會。負責人若是經驗不足，就容易採取預防措施，把可能相關的人全找來開會。

從負責人召集會議的方式，可以看出他的工作能力。會議負責人一定要確實考慮清楚，找什麼人來開會才能有效進行討論。

在亞馬遜，會議負責人在召開會議前，習慣將與會者分為**絕對要出席的「必須出席者」，以及不是絕對必要的「自由出席者」**。

例如，實務操作的人沒出席，就難以了解實際狀況，那麼他就是「必須出席者」。如果此人無法出席，他必須找一個了解狀況的代理人出席，這可說是潛規則。

相對地，自由出席者是知道有會議要開，但原則上不用與會的人。此人若有想表達的意見，當然也可以與會。

例如，會議負責人想找某人出席，但不必連他的主管都找來時，就把這位主管列為自由出席者。這麼做是顧及主管的感受，避免因為主管不知情，而認為會議負責人擅自剝奪其部屬的工作時間。會議負責人一定要照顧好這些細節，避免衝突發生。

會議負責人若不知道某部門該找誰來開會時，可先在會議前找該部門的負責人商量。該部門指派了某人與會之後，在寄發開會通知時，必須傳送副本給此人的主管，會議紀錄之後也要附送，讓主管同時掌握狀況。

亞馬遜會使用 Outlook 來管理會議行程。Outlook 的聯絡功能會清楚標示出開會時間、地點、與會者。有必要的話，也能附加資料，事前通知相關人員。

使用 Outlook 也可以掌握其他人的行程，方便在確認對方有空後發送會議通知。

會議負責人如果希望某人務必出席，即使對方的行程配合不上，還是會寄發會議通知。若是緊急會議，不只會寄通知，還會打電話請對方挪出時間，總之會用盡各種方式讓他出席。

COLUMN

日本開會人數眾多的原因

這個問題的原因，出在日本與美國企業的職務分工與責任歸屬的機制，並不相同。

美國企業對於每個人的職務內容與責任範圍有明確定義。執行企畫時由負責人做決定，無法判斷時再與主管商討。開會也一樣，自己無法決定時，會後再與主管商量即可，不必特地找主管出席。日本企業對於誰該負起什麼責任則沒有明確劃分或有工作重疊的情況，所以有時若沒有把所有相關人員都找來，就開不成會議。

因為雙方有這樣本質上的差異，若想讓公司有實質上的改革，光是改變開會方法並不夠。開會方法決定於公司的運作機制，而撐起這個機制的是人。所以若想有效地學習亞馬遜開會的方法，就有必要重新檢討作為公司基礎的人應該如何工作。

3 縮短會議時間

會議負責人要明示會議目的及徹底掌控時間

開會需要多少時間，會因為會議負責人的主持能力而有差異。進入正題前耗費過多時間，或討論到一半離題，都是會議負責人可以預防的。

主持經驗不夠的人，往往在會議一開始就企圖引導討論。在亞馬遜，遇到這種情況必定會有人說：「請等一下！這次會議的目的是什麼？」前文曾提到，開會前要先確認三個W，讓與會者明確知道會議目的，才能盡快切入主題，離題時也容易修正回來，避免討論陷入迷航。

另外，前文也曾提到時間掌控非常重要。在亞馬遜，基本上不可能讓會議拖拖拉拉地延長。若沒在時限內討論完，就得把議題帶回去研究，所以會議結束時間快到時，與會者都如履薄冰。

關於時限，亞馬遜的**決策會議基本上設定為一小時**。進程確認會議或是預告下次會議資訊，大約控制在十五分鐘或三十分鐘。腦力激盪花比較多時間，可能限制在兩、三個小時左右。

以會議資料來縮短時間

前文曾經說明一些能有效減少會議時間的技巧，例如會議一開始先各自默讀資料、用敘事法準備會議資料、限制會議資料的張數等。

會議一開始先各自默讀資料，能大量減少多餘的提問。

用敘事法寫的會議資料比條列式說明的投影片更清楚，因為後者經常只列出精簡的標題，常要花時間猜測字裡行間的意義。

會議資料設有張數限制，能有效壓縮閱讀時間，而且只整理提示重點，補充資料則放在附件，因此討論時更容易聚焦在真正的問題上。

捨棄面對面的堅持

除了縮短討論時間，也要留意為了出席某個會議而產生的交通時間。若交通時間比實際開會的時間更長，但其實沒有重要的事情要討論，那根本就不必舟車勞頓。

而且，許多日本企業很重視面對面開會，好像大家要聚在一起呼吸同樣的空氣，才能取得共識。

但其實一般的例行會議，沒有必要把大家聚在一起。如果可以用視訊或電話討論，一定比較輕鬆。

在亞馬遜，無論是電話會議、視訊會議或面對面會議，這些形式差異不是重點；哪個形式最能有效率地解決問題，那就是最好的選擇。即使是裁定預算這麼重要的事，也是以視訊會議解決。

再說，亞馬遜是跨國企業，美國以外的員工有時也得透過遠端會議與西雅圖總公司交涉，不然部分工作就沒辦法進行。

我在亞馬遜的工作，因業務性質必須在日本各地設置倉庫與客服中心。若每次開會都要把各地員工召回總公司，工作效率絕對很差，所以很多工作都會在遠距設備上完成。

因為有這些狀況，所以亞馬遜一直相當積極投資各種能讓開會更有效率的遠端工具。

通訊技術不斷進步，遠距會議系統與相關服務日新月異，現在的遠距會議已經能讓與會者像是共處一室般真實。以更低成本就能達到同樣成果的今天，我認為真的不需要堅持面對面開會。

唯一的例外是人事最終考核，尤其是攸關升遷時，一定要當面說明為什麼要讓某個人晉升。

這類敏感的話題，面對面溝通的效果絕對遠大於視訊討論。甚至曾有日本員工直接遠赴西雅圖總公司談判。

4 減少出席頻率

位階越高會議越多

位階越高，需要出席的會議也越多，這在亞馬遜也一樣。

比如我在亞馬遜擔任總監時，會議最多的日子，從早上九點進公司到晚上六、七點左右下班，每一小時都被不同的會議給填滿，甚至連午休時間都得開會。再加上亞馬遜一年到頭都有面試，為了選任優秀人才，總會盡可能與更多的候選者面談。因此職位越高，光是會議和面談，就幾乎占滿了整個行事曆。

擔任總監時，最讓我困擾的就是無法調整自己的行事曆。雖然亞馬遜使用 Outlook 來協助員工管理行事曆，但負責全日本倉儲的我常在各地奔波，一天之中的哪個時間我會在哪裡，能不能在某個時段出席某個會議，有時連自己都搞不清楚。

這些時程每一個可能只要花五到十分鐘安排，然而件數一多時，總監本身的工作時間就會被占用。亞馬遜認為，總監不該花太多時間在調整行事曆上，因此我找了助理安排工作行程。

當要出席的會議越多，就越有必要思考如何提高自己的生產力。要分清楚哪些工作必須親力親為，哪些則可以授權給他人處理。

授權能減少會議出席次數

主管如果不懂得授權，所有的會議都想親自出席，那麼自己的工作只會不斷增加，遲早會出問題。

不懂授權的主管比預料中多。他們可能會心想，即使授權了，但如果部屬失敗，自己還是得負起責任。換句話說，就是缺乏膽識，沒有勇氣授權。

我在亞馬遜時，也曾好幾次被主管提醒：「授權下去就好了，為什麼不做呢？你實在太沒膽了。」授權這件事，連在亞馬遜如此自由的公司都有困難了，更別說其他公司。

主管的任務是讓部屬負起責任，例如讓他們出席會議、表達意見，憑一己之力推動工作前進。部屬唯有累積這樣的經驗，才能確實成長。**適度授權對自己、對部屬、對公司都是好事。**

拒絕的勇氣

被通知參加會議的人，也要評估自己究竟是否有必要與會。

工作能力優異、熟悉公司內部狀況與相關專業領域的人，很常應邀出席各種會議。還有人會被找去負責面試應徵者。光是參加這些會議，很可能就用掉半週的時間。

面試這類的聘僱事務是公司的優先事項，可能很難拒絕。但如果已經忙到焦頭爛額，不妨和主管商量找其他人出席。只要程序合理，就不會給人「只想逃避開會」的印象。

世上確實有人喜歡開會，認為被找去開會才是在工作。對於這種人，一定要確實說明開會目的、為什麼找他來。既然出席了，就要有貢獻。

結 語

企業當然要追求利潤。但若只重視利潤而忽略顧客，事業就難以順利。顧客至上的思考若能確實在企業內部扎根，那麼在面臨商業抉擇時，就不會做錯選擇。有好的決策讓顧客獲益，業務自然能發展，帶動企業成長。

在眾多亞馬遜的會議中，有一個貝佐斯對全體員工講話的「全員大會」(All Hands Meeting)。在一次大會上，貝佐斯對員工們描繪了亞馬遜十年後的面貌，讓我印象特別深刻。

貝佐斯是這樣說的。

「零售、雲端商務與電子商務將如過去一樣是主要支柱。但只有一點不

同。今後的十年間，亞馬遜的顧客至上原則將被世界認同，其他公司也能真正實踐其中的意義。」

這段話讓我感受到，這才是貝佐斯追求的世界。我也希望能為了實現這樣的世界，貢獻一臂之力。

我之前出版的書中，曾系統性地介紹亞馬遜的工作方式，但我更想介紹亞馬遜工作方式背後的思考——亞馬遜這樣工作是為了實踐顧客至上原則。如果有更多人讀了書恍然大悟，認同亞馬遜的顧客至上理念，用同樣的思考方式工作，朝同一個方向邁進，我們就能更接近貝佐斯說的理想世界。

這次以會議為主題寫下本書，初心並未改變。重新檢視會議，不只能提高會議效率，還能藉機重新檢視公司整體的運作，例如工作方式、企業文化、組織與人事制度等。我相信，透過這樣的改革，我們的社會就能轉變為顧客至上的社會。

本書也介紹了「嚴禁使用PPT」、「一頁式簡報」等會議技巧，但這些都不只是表面技巧而已，期望你也能看到技巧背後的領導準則與貝佐斯的理想世界。

以此為基礎，相信大家必定能發現適合自家公司的方法與變革的道路，最終為建構一個顧客至上的世界助上一臂之力。

佐藤將之

國家圖書館出版品預行編目資料

亞馬遜會議：貝佐斯這樣開會，推動個人與企業高速成長，打造史上最強電商帝國／佐藤將之著;卓惠娟譯.－－初版一刷.－－臺北市：三民，2022
面；　公分.－－（職學堂）

ISBN 978-957-14-7406-9（平裝）
1. 亞馬遜公司(Amazon.com) 2. 會議管理

494.4　　　　111002166

|職學堂|

亞馬遜會議：

貝佐斯這樣開會，推動個人與企業高速成長，打造史上最強電商帝國

作　　者	佐藤將之
譯　　者	卓惠娟
責任編輯	翁英傑
美術編輯	陳祖馨
發 行 人	劉振強
出 版 者	三民書局股份有限公司
地　　址	臺北市復興北路 386 號 (復北門市) 臺北市重慶南路一段 61 號 (重南門市)
電　　話	(02)25006600
網　　址	三民網路書店 https://www.sanmin.com.tw
出版日期	初版一刷 2022 年 4 月
書籍編號	S541520
I S B N	978-957-14-7406-9

AMAZON NO SUGOI KAIGI by Masayuki Sato

三民書局